KB186630

질문하고 대화하는

하브루타 독서법

질문하고 대화하는

하브루타 독서법

양동일 · 김정완 지음

추천사

자녀와 가정의 미래를 긍정적으로 바꾸는 질문과 대화의 힘

민현식 (서울대 교수, 전 국립국어원장)

최근 조사에 따르면 부모와 자녀가 가정에서 대화하는 시간은 하루 평균 37초에 불과하다고 한다. 아이들은 부모 대신 친구, 인터넷에 의지하며 하루가 스마트폰으로 시작해서 스마트폰으로 끝난다. 자녀의 속마음을 알 수 없어 답답하기만 한 부모는 자녀에게 "공부는 했니?", "시험 잘 봤니?"와 같은 말만 반복한다. 자녀는 그런 부모의 말을 '잔소리'라 여기며 부모와의 소통을 거부하게 된다. 부모는 부모대로, 아이는 아이대로 힘들 뿐이다. 대화는 계속 단절되고 갈등의 골은 점점 깊어진다. 이것은 요즘 사회적으로 문제가 되고 있는 청소년 범죄의 원인이 되기도 한다.

위기에 빠진 대한민국 가정을 어떻게 구할 수 있을까? 대화를 중요시하는 유대인 부모의 자녀교육법인 '하브루타'를 통해 우리는 새로운 돌파

구를 찾을 수 있다. 유대인 부모들은 자녀와 자유롭게 질문하고 대화하는 '밥상머리 대화', '베갯머리 대화'를 하루 중 가장 중요한 일과로 삼는다. 자녀와 얼굴을 마주 보고 그날 읽은 책 내용에 대해 이야기를 나누기도 하고 한 가지 주제에 대해 토론, 논쟁을 벌이기도 한다. 부모와 자녀 간의 원활한 대화에는 엄청난 힘이 있다. 자연스럽게 부모와 자녀는 서로에게 마음을 열게 되고 강한 애착 관계를 형성할 수 있어 아이는 안정된 정서를 갖게 되며 사고력, 창의력, 인성 등을 골고루 키울 수 있다.

가정에서 자녀와 어떤 질문, 대화를 나누어야 할지 몰라 고민하는 부모, 아이의 숨겨진 잠재 능력을 찾고 싶은 부모라면 반드시 이 책을 정독하길 바란다. 저자들은 오랜 연구 끝에 자녀의 인생에 큰 자양분이 되어줄 인문고전 14권을 엄선하여 플라톤, 아리스토텔레스, 키케로, 칸트, 헤겔, 니체, 공자, 맹자, 한비자 등과 만나도록 안내한다. 더 나아가 모든 부모와 자녀가 언제 어디서든 고전에 대해 이야기를 나눌 수 있도록 질문과 대화의 예를 제시했다. 실제로 저자가 고전의 내용에 대해 자녀와 나눈 질문과 대화를 생동감 있게 대본 형식으로 수록했다. 한 마디로 '말로 하는 독서'다. 이 책을 읽은 독자들은 자신의 가정에서 '질문하고 대화하는 하브루타 독서법'을 곧바로 실천할 수 있다. 또한 말로 하는 독서를 통해 자녀는 발표 능력과 독서 능력을 한 번에 향상시킬 수 있다.

오늘날 위기에 빠진 것은 가정뿐이 아니다. 질문 없이 문제 풀이만 하는 한국의 학교에서 미래 창의적 인재가 나올 수 있겠는가. 교육은 학생들의 잠재력을 끌어내는 것인데 질문 없이 일방적 지식만 질문 없이 받아먹으라고 주입시키니 자기 주도 학습이 이루어질 수 없다. 이러한 위기의 학교에 하브루타식 토론은 학교를 살리는 최고의 명약이 될 것이다. 최근 학교에 자유학기제가 도입되고 고교 국어과 교육과정에는 '고전' 과목이 개설되어서 고전 읽기 지도와 독서 토론, 방과 후 독서지도의 지침서가 절실한데 이런 안내서를 찾는 선생님들께도 이 책은 훌륭한 길잡이가 될 것이다.

일방적인 하향적 지시만 넘치고 진정한 상하, 동료와의 소통이 없는 직장 문화도 창의적 미래 산업을 발굴해야 하는 한국 기업에서 시급히 개선해야 한다. 대학과 연구소, 공공기관, 군대와 경찰, 기업 노사, 의회와 정당, 언론기관, 시민단체 등 한국 사회 곳곳이 경청하지 않고 일방적 주장만 내세우는 것에 길들여져 도무지 대화에 미숙하고 협력과 양보에 인색하여 결국은 공멸로 달려간다. 특히 한국 사회를 이끌어가는 지식인 사회도 대화와 토론에 매우 미숙하다. 단일민족의 전통을 자랑하며 10대 무역 대국을 이루기까지 달려온 대한민국인데, 2만 달러 도달한 지 10여 년이 넘었지만 아직도 3만 달러 고지를 못 넘고 서로 네 탓하며 '갈 지之'의 행보를 벌이고 있다. 불신과 분열의 민족성을 씻어 내고, 소통하며 경청하는 대화 토론 문화로 창의적 인재를 육성해야 선진 한국을 이룰 수 있는데, 갈 길을 몰라 방황하고 있다.

강소국 이스라엘을 만든 창조경제의 비결과 원천이 유대인의 대화 토론문화, 하브루타라는 점에서 우리나라도 자녀의 가능성을 믿고 격려하고 가족 대화를 회복해야 한다. 질문 있는 학교를 만들어 학생들의 능력을 일깨워 자존감을 높이고, 창조경제 신산업 육성과 독서 경영을 위해 활발히 토론하고 경청하는 기업 직장 문화를 만들어야 한다.

한국을 대표하는 하브루타 교육 전문가, 탈무드 교육 전문가의 만남으로 탄생한 이 책은 하브루타와 독서와 토론 교육을 결합시킨 보기 드문 책이다. 부디 이 책이 부모 자녀 관계를 회복시키고 자녀의 두뇌와 인성을 일깨우며 학교와 직장을 살리고 대한민국을 살리는 데 희망의 길잡이가 되어 줄 것으로 기대한다.

하버드로 가는 길,
인문고전 하브루타

전성수 (부천대 교수, 하브루타교육협회장)

왜 하브루타가 유대인으로 하여금 노벨상 30%를 차지하게 하고, 하버드와 예일을 비롯한 아이비리그에 30% 정도를 들어가게 만들까? 그 이유는 아래와 같다.

1. 말은 생각 없이 할 수 없다.
2. 말이 생각을 부른다.
3. 생각이 생각을 부른다.

강의를 듣거나 설명을 들을 때 우리는 얼마든지 다른 생각을 하거나 졸 수 있다. 학교 교육이 실패할 수밖에 없고, 중·고등학교에서 수업 시간에 자는 학생들이 많은 이유는 이 때문이다. 뇌는 똑같은 패턴이 반복될 때 집중하지 못한다. 교사의 설명을 듣고 공책에 그대로 따라 적는 똑같은 공부를 10년 넘게 하다 보면 뇌는 자동적으로 지루함을 느끼고, 학생들은 자신도 모르게 수업에 집중하지 못하게 된다.

그런데 말은 결코 생각 없이 할 수 없다. 말과 생각은 직결된다. 생각한 것이 그대로 말이 되어 나온다. 이 말을 반대로 하면 생각을 키우기 위해서는 말을 해야 한다는 것이다. 아이가 말하는 것이 어리숙하고 답답하고 엉뚱하다고 해서 그 말을 부모가 가로채 설명하고 정답을 알려 주면 아이는 생각하는 것을 멈추게 된다. 다시 말해 아이가 스스로 생각할 필요가 없어진다.

자신이 아무리 말을 해도 부모가 대신 정답을 알려 주고 부모가 하라는 대로 해야 하는데, 굳이 아이가 생각을 해야 할 필요가 있겠는가? 아이가 말을 하다가 부모에게 빼앗기는 경험이 쌓이면 아이는 입을 닫을 수밖에 없다. 입이 닫히는 순간 생각은 닫힌다. 부모의 지시와 정답 제시만 기다리게 된다.

아이들이 말을 한다는 것은 생각하고 있다는 것이다. 아무리 엉뚱해 보이고 말도 안 되는 이야기를 하더라도, 모두 아이의 생각에서 비롯된 말이다. 어른이 일방적으로 가르치는 것은 그냥 지나가는 잔소리가 될 수 있지만, 아이가 스스로 생각해서 말하는 것은 아이 것이 된다.

말은 생각 없이 할 수 없고, 말은 생각을 부르며, 생각이 생각을 부른다.

이렇게 길러진 고등사고력으로 유대인이 어떤 분야에서든 성공하는 것이다. 우리는 유대인이 아니어서 《탈무드》로 하브루타 하기에는 한계가 있다. 그런데 인문고전은 수천, 수백 년 동안 그 가치가 입증된 책이다. 그래서 인류의 지혜가 고스란히 담겨 있다. 세인트존스대학에서는 4년 동안 인문고전 100권으로 토론만 하는데도 세계 최고의 인재를 길러 내고 있지 않은가?

하브루타가 학교 현장에 많이 알려진 후 여러 실천들이 이루어지고 있는 지금, 가정 교육의 변화가 더욱 중요하다. 가정 하브루타는 행복과 성공, 두 마리 토끼를 잡는다. 가족끼리 대화를 많이 하기 때문에 '행복'을 잡고, 토론을 통해 사고력을 높이기 때문에 아이를 '성공'하게 만든다.

이런 측면에서 하브루타교육협회 양동일 사무총장과 김정완 상임이사가 서로 협력해 인문고전을 중심으로 한 《질문하고 대화하는 하브루타 독서법》이라는 책을 펴낸 것은 무엇보다 반가운 일이 아닐 수 없다.

이 책은 단순히 대화를 넘어선 유대인들 수준의 높은 지적 능력을 개발하는 하브루타 독서법을 가정에 적용했다는 데 의의가 있다. 하브루타로 일상적 대화를 풍부하게 하는 것만으로도 대단한 성과라고 할 수 있다. 내용이 어려워서 성인들조차 쉽게 접근하기 어려운 인문고전을 자녀와의 하브루타 대화의 소재로 삼은 이 책은 부모 자녀 간의 하브루타 수준을 어떻게 높일 수 있는 방법에 대한 매우 중요한 이정표를 제시한다.

어려서부터 하브루타 독서법을 꾸준히 실천한다면 아이를 하버드대학에 보내는 것도 현실로 이룰 수 있을 것이다.

하브루타를 한국에 처음 소개한 사람으로서 하브루타가 이처럼 큰 발전을 이룬 것에 대해 감사하게 생각하고, 이 책에 뒤이어 더 좋은 책들이 많이 출간되길 진심으로 바란다.

프롤로그

부모가 직접 가르쳐야 똑똑하고 선한 아이로 자란다

“가정은 학교다.”라는 것이 유대인들의 주장이다. 실제로 동서양을 막론하고 공교육 제도가 자리 잡기 전까지 모든 교육은 가정을 중심으로 이루어졌다. 가정학교에서 부모는 자녀들의 교사이자 롤 모델이었다. 혈연으로 맺어진 도제교육徒弟教育 시스템이라고 해도 과언이 아니다.

언제부터 그랬는지 정확히 알 수는 없지만, 한국에서 가정은 점점 학교의 기능을 잃어 갔다. 가정에서 자녀들을 가르친다는 것은 시간 낭비인 것처럼 여겨졌다. 부모들은 어린이집에 3~4세 어린 자녀들을 맡기는 것을 시작으로 그 자녀가 서른 살이 넘도록, 길게는 30년 이상 거의 모든 자녀 교육을 공교육 기관에 맡긴다. 그러다보니 가정은 기숙사 역할에만 그친다. 부모는 학비를 대는 역할에 머무르고 만다.

부모가 교사 역할을 방기하고 가정학교의 역할이 사라지면서 요즘 교육의 최대 화두가 되고 있는 창의·인성 교육도 어렵게 됐다. 15년 이상 유대인 교육을 나름 연구한 바에 따르면, 창의성, 인성 모두 가정학교에서 맺는 다양한 관계를 통해 증진된다.

우선 자녀를 적게 낳으니 인성 교육이 어렵다. 한두 명의 자녀로는 좋은 인성을 기대할 수가 없다. 게다가 과잉보호, 결핍이 없는 환경, 지나친 경쟁은 인성 교육 자체를 불가능하게 만든다.

창의성도 마찬가지다. 서로 얼굴을 맞대고 반대 의견을 치열하게 토론해야 창의성이 길러진다. 역사적, 세계적으로 많은 인재를 배출하는 유대인 하브루타 교육을 참고해야 하는 이유가 바로 여기에 있다.

유대인 전통 교육법인 하브루타는 관계중심 가정학교 교육의 핵심이다. 질문하고 대화하려면 우선 좋은 관계를 맺어야 하기 때문이다. 유대인들은 일주일에 적어도 한 번은 온 가족이 함께 모여 만찬을 즐기며 하브루타 대화와 토론을 실천한다. 수천 년간 이어져 온 유대인들의 안식일 풍경을 엿보면 그들의 가정교육의 파워를 새삼 느낄 수 있다. 안식일에 유대인들은 어떤 창조적인 일도 하지 않고 오직 가족과 시간을 보내며 종교적인 예배와 토라·탈무드 공부 및 가족 간의 하브루타 대화에 몰두한다. 안식일을 통해 가정의 학교 역할을 수천 년 동안 끊임없이 계승하고 있는 것이다.

마침 이 책의 공동 저자인 양동일 하브루타교육협회 사무총장과 필자는 올해 2월 미국 LA 비버리힐스 지역에 있는 유대인 가정 안식일 만찬에

초대받은 적이 있다. 보통 금요일 해 질 녘부터 토요일 해 질 녘까지 이어지는 안식일에 유대인들은 반드시 가족들과 금요일 저녁에 안식일 만찬을 즐긴다. 요리 솜씨를 마음껏 발휘해 만든 정성스런 식사와 함께 아버지를 중심으로 신과 가족들 간에 찬양, 감사, 축복을 주고받고 나서 신의 뜻을 살피는 《토라》와 《탈무드》를 공부한다. 주로 부모가 질문하고 아이들이 대답한다. 칭찬과 격려가 뒤따른다. 초대받은 손님들도 함께 한다. 그리고 가족 구성원 각자의 삶을 대화로 나누며 소통의 시간을 갖는다. 가정의 학교 기능이 살아 있는 것이다.

우리 일행을 초대한 랍비는 이렇게 말한 적이 있다.

"만약 식사만 같이 한다면 육적인 관계를, 식사와 함께 대화를 나눈다면 정신적인 관계를 맺게 된다. 하지만 식사와 함께 《토라》와 《탈무드》를 공부한다면 영적인 관계를 만드는 것이다."

안식일 식탁은 이 모두를 아우르는 매우 영적인 대화의 시간이며 공간이다. 유대인들이 안식일을 지킨 게 아니라 안식일이 유대인을 지켰다는 말이 결코 허언이 아님을 잘 알 수 있다.

이런 유대인의 안식일과 같은 가정 문화를 한국에서는 찾아보기 어렵다. 현대는 갈수록 가족 간의 유대와 결속이 느슨해지고, 심지어 그 약한 유대마저 끊어지거나 가족이 남보다 못한 경우도 많아지고 있다. 서로 사랑해야 할 부모와 자녀가 서로 대립을 거듭하며 심한 경우엔 가족 간의 폭력이 벌어지는 살벌한 전쟁터가 되고 있다.

이처럼 크나큰 어려움에 봉착한 한국의 가정들을 다시 회복하려면 어떻게 해야 할까? 공동저자인 우리 두 사람은 가정이 학교의 기능을 회복해야 한다는 데 뜻을 같이 하고 있다. 유대인의 안식일 가정 문화를 참고하면 그 실마리를 쉽게 찾을 수 있다. 그렇다고 공교육을 폐하고 홈스쿨링을 장려하고 싶진 않다. 다만 부모가 가정에서 교사 역할을 충실히 하면 그것으로 충분하다고 생각한다. 유대인들처럼 가정에서 부모가 자녀들에게 하브루타 토론을 통해 좋은 교사가 된다면 부모가 원하는 선한 방향으로 자녀들을 넉넉히 잘 가르칠 수 있다.

이 책은 양동일 사무총장의 가정에서 실제로 있었던 인문고전 하브루타 토론을 편집한 책이다. 그는 가정에서 교사 역할을 충실히 수행하면서 두 아이들에게 지적인 재산을 물려 주고 부모로서의 좋은 롤 모델이 되고 있다. 이 책이 한국의 가정 문화에 획기적인 변화를 예고하는 혁명적인 책이라고 감히 말씀드리는 이유다.

필자는 하브루타 인문고전을 가르치고 연구하는 선생으로서 이 책 집필에 약간의 도움을 주었을 뿐이다. 그런데도 불구하고 공동저자의 영광을 허락한 양동일 사무총장에게 심심한 감사를 드린다. 아울러 흔쾌히 추천사를 써 주신 서울대 국어교육학과 민현식 교수님, 부천대 유아교육과 전성수 교수님, 농촌·청소년미래재단 류태영 이사장님께도 고마움을 꼭 전하고 싶다.

저자 김 정 완

차례

2장

남다른 사고력과 판단력을 키우는 하브루타 독서

3장 

긍정적 자존감을 높이는 하브루타 독서

1장

아이의 두뇌와 인성을 깨우는 기적의 공부법, 하브루타

Havruta Reading

평범한 내 아이에게도 영재성이 있을까?

/ '자기주도 학습능력'과 '인성'을 모두 향상시키는 하브루타 교육법 /

하브루타Havruta는 유대인 전통 교육법으로 보통 2~4명의 인원이 짝을 지어 대화와 토론, 논쟁하는 것을 말한다. 이 과정에서 아이들은 상대방에게 자유롭게 질문하고, 또 상대방의 질문에 자신의 생각을 조리 있게 말한다. 하브루타는 '친구'라는 뜻의 히브리어 '하베르חבר'에서 파생된 아람어다. 전통적으로 유대인들은 짝을 지어 《토라》와 《탈무드》 같은 유대교 경전을 펴 놓고 격렬하게 토론이나 논쟁을 즐기는 것을 최고의 공부로 여겨 왔다.

하브루타는 기존의 '주입식 교육'과는 완전히 차별화된 교육법이다. 주입식 교육은 아이들의 취향, 흥미, 능력 등을 고려하지 않고 모두 같은 '정답'을 말할 것을 강요한다. 하지만 하브루타는 정답보다는 '질문'을 중요시하며, 얼굴을 마주 보고 하는 대화를 통해 누구든지 서로 가르치고 배울 수 있는 교육 방식이다.

하브루타 교육에서 '친구'의 의미는 '가르치고 배우는 관계', 그리고 '토론이나 논쟁의 상대'이다. 따라서 하브루타 교육법으로 진행하는 수업에서는 무엇보다도 '말하기'와 '경청'을 중요시한다. 대화와 토론을 통해 서로의 창의적인 생각을 일깨워 주므로 깊이 있는 공부를 할 수 있다.

대화와 토론, 즉 '말'로 하는 교육법인 하브루타는 아이의 '메타인지 능력Meta Cognition Ability'을 쉽고 효과적으로 키울 수 있다. 성적 상위 1% 아이들이 공통적으로 메타인지 능력이 뛰어나다는 연구 결과는 이미 널리 알려져 있다. 메타인지 능력이란 한 마디로 '내가 아는 것'과 '내가 모르는 것'을 스스로 구분해 내는 능력을 말한다. 아이들은 자신의 머릿속에 있는 지식을 상대방에게 직접 설명해 줌으로써 더 오래 기억할 수 있게 되고, 특정 주제에 대해 깊이 생각하게 되므로 '자기만의 지식'을 만들 수 있다. 또한 자신이 모르는 부분을 스스로 발견하고 이에 대한 해결책을 동시에 찾게 되므로 문제해결력을 기를 수 있다. 따라서 하브루타는 아이의 자기주도 학습능력을 키우기 위한 최고의 방법으로 손꼽힌다.

하브루타는 학습 능력 외에도 인성, 즉 인격의 변화를 추구한다. 대체적으로 사람들은 자신이 말로 선언한 것을 지키려고 하는 심리가 강하다. 하브루타 교육은 바로 이 점을 활용해 아이의 인성을 키울 수 있다. 다시 말하면 머리로만 아는 것이 아니라 가슴으로 느끼고 행동으로 옮기는 올바른 교육을 추구한다는 것이다.

이스라엘의 일반 학교에서는 짝을 지어 묻고 대답하는 방식의 하브루타 수업을 하지는 않는다. 유독 《토라》와 《탈무드》를 가르치는 종교 학교인 '예시바Yeshivah'에서만 하브루타 교육법을 실천한다. 이는 《토라》와 《탈무드》가 인격의 변화를 목표로 하는데 그에 가장 적합한 교육법이 바로 하브루타이기 때문이다.

공부 잘하는 아이로 키우는 것도 마음처럼 쉽지 않지만, 바르고 지혜로운 아이, 생각이 깊은 아이로 키우는 것도 굉장히 어렵다. 어떻게 하브루타 교육법이 아이의 인성을 향상시킬 수 있을까? 하브루타 교육에서는 '질문'을 통해 인격의 변화를 이끌어 낸다. 긍정적인 인격의 변화를 일으키려면 깊이 있는 배움이 필요한데, 가장 효과적인 방법이 바로 '질문'이다.

질문은 위대한 힘을 가지고 있다. 깊은 사고를 가능하게 하며 아이 스스로 답을 찾도록 하여 문제해결 능력을 길러준다. 그래서 질문은 배움에서 빼놓을 수 없는 심장과도 같은 것이다. 유대인들이 절대적인 진리를 품고 있다고 생각하는 《토라》에서조차도 질문을 멈추지 않는다. 《탈무드》는 "배움 없는 종교는 미신"이라고까지 주장한다. 여기서 배움의 핵심은 질문이다.

하브루타의 기원은 《토라》를 일상생활 속에서 어떻게 실천하고 적용할 것인가에 대해 학자나 랍비들이 끊임없이 벌인 토론과 논쟁이었다. 그리고 이 과정을 자세히 기록한 책이 《탈무드》다. 《탈무드》는 그 내용이 너무 방대하고 어려워 "읽는 책이 아니라 연구하는 책"이라는 말이 나왔을 정도다. 글자도 깨알 같이 작아서 탈무드를 연구하는 사람들은 대부분 안경을 썼다. 유대인들은 한 책상에 두 사람씩 짝을 지어 앉아 서로 마주 보고 논쟁하며 이 《탈무드》를 연구해 왔다. 이런 논쟁을 통해 유대인들은 자연스럽게 논리적·비평적·체계적·조직적인 인재가 된다.

/ 언제까지 아이를 학원·과외 교사에게만 맡길 것인가? /

철학, 사상, 역사, 종교는 요즘 학생들이 가장 싫어하는 과목이다. 대학교 강의실에 가보면 법학과나 의학과에는 학생들이 넘쳐나도, 철학과나 역사학과 강의실은 텅텅 비어 있다. 오죽하면 "문송합니다(문과생이라서 죄송합니다)"라는 신조어가 생겨났을까.

현대 실용주의 학문의 영향을 받은 탓도 있겠지만 사람들이 점점 깊게 생각하는 것을 싫어하는 경향을 보이고 있는 것 같다. 어린 아이들이나 청소년들도 어떤 일에 대해 얕게 생각하고 제멋대로 행동하기 일쑤다. 또한 학생들은 나중에 취업을 하거나 돈을 벌 때 인문학이 아무런 도움이 되지 않는다고 생각한다. 이는 현재 우리 교육이 해결해야 할 시급한 문제다.

하지만 오히려 요즘 시대에서 인문학 공부는 반드시 필요하다. 인문학 공부를 통해 '고등 사고력'과 '인성'을 효과적으로 배울 수 있기 때문이다. 돈을 많이 써서 비싼 학원, 과외를 보내도 한 가지 주제에 대해 깊이 생각하고 궁리하는 아이, 통찰력 있는 아이, 바르게 생각하고 행동하는 아이로 키우기는 힘들다. 그러나 하브루타 교육을 통해 아이는 가정에서 쉽게 인문학 공부를 할 수 있게 되고 사고력과 인성을 모두 향상시킬 수 있다.

어떤 사람들은 "인문학 공부로 지식을 쌓고 사고력을 키우는 것은 가능하지만, 현실과 동떨어진 생각을 하게 만드는 것은 아닐까?" 하고 우려한다. 실제로는 그렇지 않다. 하브루타식 인문학 공부의 핵심은 '교육과 삶을 일치시키는 것'이기 때문이다. 그리고 이를 위해서는 반드시 가르침의 주체가 '부모'가 되어야 한다. 성공적인 하브루타 교육을 위해서는 부모의 역할이 아주 중요하다.

가정에서 하브루타식 인문학 공부를 할 때, 부모가 갖춰야 할 두 가지 조건이 있다. 첫째, '독서하는 부모'가 되어야 한다. 책을 읽고 공부하는 부모의 모습을 보며 아이는 학습 동기를 얻고 정서적으로도 좋은 영향을 받게 된다.

둘째, 부모가 먼저 아이에게 자신의 말과 생각을 '실천'하는 모습을 보여주어야 한다. 공부하고 책을 읽는 것뿐만 아니라, 자녀에게 가르치는 여러 가지 교훈들을 부모가 직접 실천해야 한다는 것이다.

이 두 가지는 자녀에게 그 자체로 훌륭한 인성 교육이 된다. '독서하고 실천하는 부모'의 모습을 보며 아이는 자연스럽게 '머리로 배운 것', '가슴으로 느낀 것'을 자신의 삶과 일치시킬 수 있게 된다. 이것이 바로 하브루타식 인문학 공부의 가장 큰 효과다. 한국 교육의 문제점 중 하나는 교육과 삶이 동떨어져 있다는 것이다. 하지만 하브루타식 인문학 공부는 이 문제를 보다 쉽게 해결할 수 있다.

인문학은 결국 사람이 그려 온 정신적, 물질적, 문화적 발자취에 대해 배우는 것이다. 한 사람이 세상을 살아가는 데 필요한 '삶의 학문'이 인문학인 것이다. 그런 인문학적 소양을 갖추지 않은 채 정보와 지식 위주의 현대 교육은 얼마나 무미건조한 일인가? 가정에서 자연스럽게 하브루타식 인문학 공부를 시작한다면 부모와 아이의 관계도 좋아지고 아이의 고등 사고력, 인성 두 마리의 토끼를 모두 잡을 수 있게 될 것이다.

/세계 1% 인재를 만든 유대인 자녀교육의 비밀 /

하브루타 부모의 가정 학교에서 말하는 인성 교육의 핵심은 무엇인가? 바로 '가치관 교육'과 '언행일치 교육'이다.

먼저 '가치관 교육'이란 무엇인가? 무엇보다도 선과 악을 구별하고 옳은 일과 그릇된 일을 구별하는 것이다. 요즘 아이들의 문제는 가치관이 혼미한 상태로 살아가고 있다는 것이다. 무엇이 옳고 그른지, 또 무엇이 선하고 악한지도 구분하지 못하고 있다. 사회적으로 큰 문제가 되고 있는 '청소년 범죄'도 모두 이 때문이다.

다음으로, '언행일치 교육'이란 무엇인가? 배운 것, 선한 것을 삶 속에서 실천하는 교육이다. 부모는 '학교 시험에서 1등하는 것'만을 강조할 것이 아니라 아이가 자신이 아는 것을 스스로 실천할 수 있도록 도와야 한다. 《탈무드》에서는 실천을 담보하지 않는 배움은 아무런 의미가 없다고 말한다. 이러한 《탈무드》의 가르침에 따라 유대인들은 옳고 선한 것을 배운 뒤에는 깊은 생각과 바른 행동으로 옮겨야 한다고 자녀들에게 당부한다.

사실 유대인들은 이러한 인성 교육을 아주 오래전부터 부지런히 자녀들에게 가르쳐 왔다. 유대인들에게 가치관 교육은 《토라》와 《탈무드》에 기반을 둔 종교 교육이다. 거기에는 선과 악, 사람과 사물에 대한 시시비비가 모두 포함되어 있다.

이들의 종교 교육과 같은 가치관 교육이 바로 '인문학 교육'이다. 가정에서 하브루타식 인문학 공부를 시작하면 아이는 자연스럽게 고대 철학자부터 현대의 사상가에 이르기까지 그들의 윤리학, 도덕, 존재론, 국가론 등에 대해 토론하고 논쟁하게 된다. 그럼 아이는 위인들의 삶의 가치관을 배우고 자기 삶에 적용시킬 수 있다. 마크 주커버그, 스티븐 스필버그 등 세계 최고의 인재를 길러낸 유대인 부모 역시 가정에서 이러한 하브루타식 인문학 공부를 실천해 왔다.

부모와 대화를 많이 하는 아이가 더 똑똑하다

/ 항상 바쁘고 힘든 대한민국 부모도 아이를 직접 가르칠 수 있다 /

한국 사회에서 부모가 자녀를 직접 가르치는 일은 결코 쉽지 않다. 아빠는 세상에 나가 돈 벌고 성공하느라 늘 바쁘다. 아빠가 바쁜 가장 큰 이유 중의 하나는 자녀를 잘 교육시키기 위해서다. 돈을 많이 벌고 뒷바라지를 잘해서 좋은 대학에 보내고 싶은 것이다. 이를 위해서는 한 달에 몇백 만원의 사교육비도 아까워하지 않는다. 엄마는 어떤가? 아빠의 월급만으로도 모자라 엄마 역시 맞벌이에 뛰어든다. 맞벌이를 해서라도 비싼 학원비와 과외비를 감당하고 자녀를 훌륭하게 키우려고 한다.

언젠가 내 친구들에게 하브루타의 장점을 소개한 적이 있는데, 그들은 나에게 "그럼 어떤 학원을 보내야 하나?"라고 물었다. 그때 내가 "하브루타 교육은 집에서 아빠가 직접 하는 것이다."라고 대답했을 때 친구들의 반응은 정말 냉담했다. 아직도 대한민국 아빠들은 자녀 교육에 대해 이야기할 때 '어디에다 아이를 맡길 것인가?'를 고민한다.

실제로 한 자녀를 대학까지 졸업시키는 데 무려 2억 5천만 원이 든다는 통계가 있다. 공교육과 사교육에 들이는 어마어마한 교육비는 고스란히 부모의 희생과 노력으로 이루어진다. 그런데 무조건 비싼 학원, 과외에 보낸다고 아이를 훌륭한 인재로 키울 수 있을까? 밖에 나가서 돈을 좀 덜 벌더라도 아빠가 가정으로 일찍 귀가해 자녀들과 대화와 토론의 시간을 보낸다면 그렇게 많은 돈이 들지 않아도 그 이상으로 훌륭하게 자녀를 키울 수 있다. 이것을 가장 잘 실천하고 있는 민족이 바로 유대인이다.

부모가 직접 가르치는 '가정 학교'는 그렇게 많은 교육비를 들일 필요가 없으며 아빠가 자녀 교육에 직접 참여하여 자녀와의 애착 형성은 물론 고등 사고력을 키우고 인성 교육까지 시킬 수 있다. 얼마나 훌륭한 일인가!

한국전쟁 이후 한국 교육은 주입 위주의 일본식 교육과 위탁, 경쟁 위주의 미국식 교육을 답습하는 데 여념이 없었다. 이런 일본식 교육과 미국식 교육은 한국의 교육을 벼랑 끝으로 몰고 가는 느낌이 든다.

한국이 근대화를 이루는 과정에서 주입식 교육은 짧은 시간에 많은 양의 지식을 집어넣는 데 큰 역할을 했다. 하지만 이제 한국이 OECD 선진국으로 접어들면서 이미 우리 교육은 양적 지식을 집어넣는 것보다 상상력과 창의력을 요구하는 시대가 되었다.

"자녀 교육을 전문가에게 맡겨라!"는 식의 위탁교육은 또 어떠한가? 이런 위탁교육의 심화는 부모들에게 자녀 교육을 단순히 '자녀를 어디에 맡길 것인가'의 문제로 만들어 버렸다.

경쟁 위주의 교육은 일명 '엘리트 교육'으로서 혼자 조용히 앉아서 오랫동안 공부한 사람이 그 사회의 리더가 되는 엘리트 리더십을 양산하게 되었다. 이 때문에 입신양명에 목을 매는 우리 사회는 초경쟁사회가 되어 OECD 국가 중에서 학생의 행복지수가 가장 낮은 나라가 된 것 아닌가!

요즘 공교육을 들여다보면 학생들의 인권은 상당히 높아진 반면, 교사들의 교권은 상대적으로 낮아 보인다. 학생들이 교사를 평가하는 것이 일반화됐다. 학생들의 눈치를 살펴야하는 교사들의 자괴감은 교사직에 대한 회의를 가중시킨다. 실제로 우리나라에서는 교사직에 대한 선호도는 어느 직업군보다 높으나 그 만족도는 거의 최하위 수준이라고 한다.

언제까지 이런 교육만을 계속해야 하는가? 부모가 직접 교육의 주체로 나서는 하브루타식 가정 학교에서는 현대교육의 문제와 한계를 모두 해결할 수 있다. 일괄적인 기준만을 적용하여 아이를 가르치지 않으며 1등, 2등의 순위로 아이를 평가하지 않기 때문이다. 가정에서 아이를 지도하는 일은 생각보다 어렵거나 번거롭지 않다. 이 책에서 제시하는 실용적인 지침을 통해 오늘부터 하브루타 가정 학교를 만들어 보자.

/ 아빠의 밥상머리 교육이 똑똑하고 창의적인 아이를 만든다 /

유대인의 교육은 '밥상머리'에서 시작된다. 한 가족이 식탁에 모여 앉아 저녁식사를 하면서 교육이 이루어진다. 이 시간에는 주로 아버지에 의한 가르침이 주가 된다.

2013년 한국에서 《공부하는 유대인》이라는 책을 써 화제가 됐던 유대인 힐 마골린은 한국에서 입양한 딸 릴리 마골린에게 유대인식 교육을 시켜 하버드대 입학, 구글Google 입사 모두 성공할 수 있도록 도왔다. 그런데 흥미로운 사실은 릴리를 키울 때 아버지 힐이 한 번도 가족과 함께 하는 저녁식사를 거르지 않았다는 점이다.

아버지의 교육은 주로 아이의 'IQ'를 담당한다(《IQ는 아버지 EQ는 어머니 몫이다》, 2004, 현용수, 쉐마). 유대인들은 식사 시간마다 구약성경에 해당하는 《토라》와 《탈무드》를 주로 가르친다. 특별한 곳이 아닌 평범한 가정의 '밥상머리'에서 가치관 교육과 종교 교육, 그리고 고등 사고력 교육과 지혜와 논리 교육이 이루어지고 있는 것이다.

하브루타를 실천하는 아빠들 또한 식사 시간에 이런 IQ 교육을 맡는다. 아이로 하여금 깊은 사고를 하도록 만들 수 있는 것이라면 이야기 소재는 무엇이든 상관없다. 유대인들과 같이 성경 교육이나 탈무드 교육을 하거나 인문학이나 철학 등을 가르칠 수도 있고, 일상생활에서 일어났던 소소한 일들을 소재로 할 수 있다.

아빠는 자신의 이야기를 들려주며 아이의 호기심을 이끌어낼 수 있는 '질문'들을 던질 수 있다. 그럼 아이들은 아빠의 질문에 대해 놀랍게도 직관적이고 창의적인 대답을 한다. 질문에 답하려고 애쓰는 아이들의 뇌 속에서는 생각 폭발이 일어난다. 사실 생각과 창의성이란 것은 서로 다른 차원의 어떤 것들을 연결하는 것이다. 아빠로부터 질문을 받은 아이들의 머릿속은 연결 작업을 하기 위해 바쁘게 돌아간다.

하버드 대학에 합격한 유대인 친구를 두었던 유명 방송인이자 작가인 조승연 씨의 이야기는 유대인들이 얼마나 밥상머리에서 토론을 즐기는지 잘 알려 준다. 2016년 1월 KBS 인기 퀴즈 프로그램인 '1대100'에 출연한 조승연 씨는 미국 고등학교 유학시절에 사귀었던 유대인 친구를 소개하면서 "우등생이었지만 모범생은 아니었다."고 말했다. 그가 놀랐던 것은 유대인 친구가 논술 시험 전날 클럽에서 공연을 즐겼는데도 시험에서 만점을 받았다는 것이다. 유대인 친구에게 그 비결을 묻자 그는 이렇게 말했다고 한다.

"식사 시간에 아빠랑 논쟁하는 것보다 논술 시험이 훨씬 쉬웠거든."

논술 시험 만점 비결이 바로 '아버지와의 논쟁' 덕분이었던 것. 친구의 이야기에 조승연 씨는 크게 깨달은 바가 있어 이를 전달하기 위해 책을 쓰기 시작했다고 한다. 이 사례는 바로 유대인 교육의 힘이 다름 아닌 밥상머리 교육에 있다는 것을 반증한다.

지난 2013년 KTV에서 박근혜 대통령 취임 100일 특집으로 방송된 '창조경제, 세상을 변화시키다 1부 – 이스라엘, 창의교육으로 창조경제를 일구다'에서도 유대인 아버지가 고등학교 아들과 일과가 끝나면 심도 깊은 대화를 나누는 장면이 등장한다. 유대인들에게 아버지는 자녀에게 늘 좋은 대화 상대가 돼 주는 것이다. 또 대화가 때로는 토론이나 논쟁으로 발전하기도 한다.

아버지와의 대화가 비단 유대인에게만 국한된 건 아니다. 아버지와의 끊임없는 대화로 위대한 철학자가 된 사람 중에 《자유론》을 쓴 존 스튜어트 밀이 있다. 그의 아버지인 제임스 밀은 요즘으로 말하자면 '홈스쿨링Homeschooling'을 통해 아들을 교육시켰는데, 전날 읽은 책을 주제로 끊임없이 대화하면서 아들의 생각의 폭을 넓혀주었다. 그 결과 존 스튜어트 밀이 아버지의 영향을 받아 존경받는 철학자가 되었다는 것이 일반적인 평가다. 존 스튜어트 밀에 대해서는 2장에서 다시 언급하기로 한다.

우리의 전통사회에서도 밥상머리 교육은 분명 존재했다. 밥상에서 아빠의 자리가 정해져 있었고 식사할 때에는 식사예절도 엄격했다. 다만 유대인의 밥상머리 교육과 다른 점은 식사시간에는 '침묵'을 지키고 무조건 '윗사람'의 말에 따르도록 강요했다는 점이다. 현대의 하브루타 아빠는 아이가 자유롭게 자신의 생각을 말할 수 있고 부모와 아이가 수평적인 관계를 이룰 수 있도록 한국의 밥상머리 교육을 탈바꿈시켜야 한다.

/ 아이의 감성과 정서, 엄마의 베갯머리 교육에 달렸다 /

밥상머리 교육을 아빠가 주도한다면 '베갯머리 교육'은 엄마가 주도한다. 왜냐하면 잠들기 전에는 정서적인 면을 필요로 하기 때문이다. 이 시간은 하루를 정리하는 시간이면서 축복의 시간이기도 하다. 그래서 이 시간에는 감성과 사랑으로 가득한 엄마가 아이의 곁에서 함께 하는 게 좋다.

아빠는 IQ 교육을, 엄마는 EQ 교육을 담당한다. 유대인 가정에서 아빠는 이성과 권위를, 엄마는 눈물과 사랑을 상징한다(《IQ는 아버지 EQ는 어머니 몫이다》, 2004, 현용수, 쉐마). 사람은 이성과 논리만 발달해서는 안 된다. 고등 사고력과 함께 인성을 발달시키려면 반드시 필요한 것이 바로 EQ 교육, 즉 감성 교육이다. 머리만 좋은 인재는 아름다움을 발견하는 능력과 타인의 감정에 공감하는 능력이 부족하다. 지적 능력과 더불어 사랑과 인성을 함께 갖춘 사람이 이 시대가 요구하는 인재상이다.

유대인 엄마는 잠들기 전 아이들에게 "오늘 너희들의 마음이 어땠어?"라고 묻는다. 아이들은 이 질문에 대해 하루에 있었던 정서적이고 감성적인 이런 저런 이야기를 털어놓는다. 그럴 때 엄마는 아이들의 마음을 이해하고 공감하며 위로해준다. 맨 마지막에는 아이들의 머리에 손을 얹고 축복 기도를 하고, 아이들은 편안하게 잠을 청한다.

엄마의 축복 기도 속에 아이들은 평안한 안식의 세계인 잠 속에 빠져든다. 아이들이 잠을 자기 30분 전이 얼마나 중요한지는 웬만한 자녀 교육서를 읽어본 사람이면 누구나 공감하리라. 이 시간을 어떻게 보내느냐가 아이들의 정서 발달에 중요한 역할을 한다.

혹시나 아이가 잠투정을 심하게 하거나 잠을 잘 때 발길질을 하지는 않는지 잘 살펴보자! 이런 아이들에게 베갯머리 교육은 매우 절실하다. 엄마가 베갯머리 교육과 축복 기도를 시작하면 아이들은 평화롭게 잠을 잘 수 있고 때로는 꿈속에서 무슨 재미있는 일이 있는지 키득키득 웃기도 한다. 엄마와 아빠는 잠을 자며 웃는 아이들을 보고 마음이 흐뭇해진다.

하루를 마무리하며 가족끼리 반드시 빠뜨리지 말아야 할 교육이 베갯머리 교육이다. 밥상머리 교육과는 좀 다르다. 한국의 아빠는 늘 바쁘고 피곤하기 때문에 아빠의 밥상머리 교육은 틈틈이 시간 날 때마다 하는 것이 좋다. 특히 1주일 중 하루를 '가족의 날'로 정해서 밥상머리 교육을 하는 것도 좋다. 하지만 아이의 지친 마음을 위로해 주고 하루를 마무리할 수 있도록 도와주는 베갯머리 교육은 매일 실천할 것을 권장한다. 사정이 여의치 않을 경우 아빠가 대신 베갯머리 교육을 해도 무방하다. 아예 안 하는 것보다는 낫기 때문이다.

아이들은 엄마가 자신의 말을 경청해주고 공감해 주는 이 시간이 아마도 세상에서 가장 평화로운 시간이라고 여길 것이다. 또한 엄마의 축복 기도를 받고 잠이 들면서 스스로 세상에서 가장 행복한 사람이라고 생각할 것이다. 그럼 아이들의 자존감도 덩달아 높아질 수 있다.

/ 하브루타 가정 학교, 정답보다 질문이 중요하다 /

하브루타 아빠의 가정 학교에서는 저녁마다 식탁에서 아빠의 주도 하에 하브루타 수업이 이루어진다.

하브루타 가족 식탁에서 다루어지는 이야기는 하브루타 아빠가 실제로 겪었던 일들이 대부분이다. 하브루타 밥상머리 가족 대화의 진행 순서는 다음과 같다.

❶ 도입 이야기

❷ 질문 나누기

❸ 대화 나누기

❹ 인문학 접근

❺ 인문학 대화

❻ 적용과 실천

하브루타 수업 모형은 전성수 교수의 《최고의 공부법》에 소개된 '질문' 중심 하브루타 수업 모형을 기본적으로 적용했다. 현재 일선 학교에서도 질문이 수업 혁신의 화두가 되고 있다. 서울시 교육청과 광주시 교육청은 캐치프레이즈로 '질문이 살아 있는 교실'을 내걸 정도로 질문 중심의 수업 혁신에 박차를 가하고 있다. 가족 간의 질문은 공익광고에도 등장할 만큼 그 필요성이 증가되고 있다.

'질문'은 이 시대가 꼭 필요로 하는 능력이다. 사실 이제까지 우리 사회는 질문을 권장하는 것이 아니라 질문을 막는 사회였다. 우리 교육도 마찬가지다. 교사나 강사만 일방적으로 말하는 일방통행의 교육 문화가 보편적이었다. 그러나 지난 몇 년간 하브루타 교육이 알려지면서 조금이나마 질문을 우리 교육에서 되살릴 수 있었고, 질문을 통한 쌍방향 소통이 가능하게 되었다. 그래서 하브루타 가정 학교에서도 이런 질문 중심 수업을 가장 기본으로 삼았다.

질문 중심 하브루타 수업 모형을 충분히 숙지하고 나면 비교 중심과 논쟁 중심 하브루타 수업 모형도 적용해볼 수 있다.

특히 '비교 중심 하브루타 수업'은 인문학을 이해하는 데 상당한 도움이 된다. 예를 들어 맹자孟子의 '인의의 정치'와 한비자韓非子의 '법으로 다스리는 정치'를 함께 놓고 비교하면, 아이는 한 가지 사상만 배우는 것보다 더 쉽고 폭 넓게 철학자의 사상을 이해할 수 있다.

'논쟁 중심 하브루타'는 아직까지 쉽게 접근하지 못하는 수업 모형이다. 논쟁이란 쉬운 것이 아니다. 논제가 명료하고 독창적이어야 한다. 처음부터 논쟁을 시작하면 아무래도 무리가 따른다. 그렇게 되면 자칫 아이가 아빠와의 수업을 어렵게 느낄 수 있다. 논쟁 중심 수업은 다음 기회에 나누어 보기로 하고, 우선 가정에서 질문의 문화부터 만들어 보자!

책만 읽어주는 부모는 이제 그만! 질문하는 부모가 돼라!

/ 왜 '질문하고 대화하는 하브루타 독서법'이 중요한가? /

사람은 누구나 이야기를 좋아한다. 어른, 아이 할 것 없이 사람들은 이야기에 열광한다. 재미있는 드라마 시청률이 계속해서 오르는 것을 보면 쉽게 이해할 수 있다. 그래서 사람을 '호모 스토리우스(이야기하는 인간)'로 명명하는 이도 있다.

철학자 알래스데어 매킨타이어는 저서 《덕의 상실》에서 '이야기하는 존재'로서의 인간을 이야기한다(《정의란 무엇인가》, 2009, 마이클 샌델, 김영사). 어떤 사람이든지 인간은 이야기의 한 부분이라는 것이다. 그런 관점에서 역사 교육이 자녀 교육에서 차지하는 비중도 상당하다. 왜냐하면 역사가 곧 이야기의 일부이기 때문이다.

독서는 이러한 이야기를 손쉽게 얻을 수 있는 좋은 수단이다. 아빠는 책 속의 이야기를 들려주면서 아이의 호기심을 자극하는 질문을 할 수 있다. 질문을 하는 첫 번째 이유는 일시적으로 인식의 결핍 상태를 만들 수 있고 생각과 대답을 이끌어내는 묘한 매력이 있기 때문이다. 사람에게는 결핍 상태를 메우려는 본능이 있다. 원초적인 배고픔과 부족함을 메우려고 노력하듯이 질문이 주어지면 인식의 결핍 상태를 메우려고 무의식적으로 노력하게 된다.

질문에는 힘이 있다. 질문에 대답을 하면서 아이들은 스스로 인식의 결핍을 찾게 되고, 생각을 날카롭고 정교하게 정리한다. 유대인의 상상력과 창의성이 뛰어난 이유가 바로 이러한 '결핍'에 있다. 유대인들은 역사적으로 고난과 결핍의 민족이었다. 결핍은 호기심을 낳고, 호기심은 질문을 낳으며 질문이 바로 문제 해결의 열쇠가 된다(《탈무드 하브루타 러닝》, 2014, 헤츠키 아리엘리, 국제인재개발센터).

책을 읽으면서 질문을 끌어내야 하는 두 번째 이유는 부모의 일방적인 말하기와는 달리 독서 활동은 듣는 아이들에게 상상력과 창의력을 키워주기 때문이다. 일반적인 부모들은 아이에게 책을 읽어줄 때 내용 전달에만 치우치는 경향이 있다. 그렇게 되면 아이들은 단순히 듣는 것에만 만족할 수밖에 없다. 하지만 책을 읽어주면서 중간 중간 질문을 던진다면, 아이들이 스스로 생각하고 자신의 의견을 표현함으로써 '함께 대화하는 독서'가 될 수 있다. 책을 읽을 때마다 질문은 여러 가지로 달라질 수 있기 때문에 한 권의 책을 여러 번 읽어도 아이들은 지루함을 느끼지 않을 것이다. 글자만 읽는 독서를 탈피한 '말하는 독서', 이것이 바로 '하브루타 독서'다.

/ 하브루타 독서법에서 질문이 중요한 5가지 이유 /

'하브루타 독서법'의 시작은 다름 아닌 질문이다. 질문이 없다면 대화, 토론, 논쟁으로 이루어지는 모든 하브루타 교육은 불가능하다. 왜 하브루타 독서법에서 질문이 중요한 걸까?

❶ 질문은 정보를 획득할 수 있는 가장 효과적인 방법이다.

이것은 거의 모든 질문과 관련된 책에서 맨 먼저 거론하는 내용이다. 호기심이 생기거나 모르는 부분이 있으면 그 부분에 대한 해답을 찾고 싶은 것이 인간의 마음인지라 그런 불만족을 해소하기 위해서는 반드시 질문을 해야 한다. 그러므로 질문은 정보를 얻기 위해 반드시 거쳐야 하는 과정이다. 질문은 정보 교류의 첫 번째 시발점이다.

❷ 질문을 통해 아이는 '경청'을 배운다.

질문을 한다는 것은 반대로 생각하면 대답하는 사람의 말을 '경청'하겠다는 의사 표시다. 실제로 질문을 하고 딴짓을 하는 사람은 거의 없다. 상대가 자신의 질문에 어떤 대답을 하는지 귀를 쫑긋 세우고 듣게 된다. 근본적으로 질문하는 행위는 경청, 즉 존중과 배려의 의미를 담고 있다. 경청은 긍정적인 인간관계를 맺을 수 있는 아주 기본적이고 중요한 행위다. 상대방에게 궁금한 것을 질문하는 행위는 관계를 맺는 첫 시작이다.

❸ 질문 속에서 삶의 비전(vision)을 찾을 수 있다.

질문은 질문으로 끝나지 않는다. 질문에는 반드시 해답이 있게 마련이다. 하지만 해답이 즉각적으로 주어지지 않는다면 어떻게 해야 할까? 질문의 답을 직접 찾아나서야 한다. 스스로 답을 찾는 과정을 통해 아이는 삶의 비전을 찾을 수 있다. 과학자 뉴턴은 하늘의 달과 땅의 사과를 보며 '왜 달은 공중에 매달려 있고 사과는 땅에 떨어지는지' 몹시 궁금하게 여겼다. 이에 대해 뉴턴은 수없이 많은 사람들에게 질문했을 것이다. 그러나 만족한 답을 얻지 못하자 그는 직접 그 답을 찾기로 했고, 결국 '만유인력'을 발견하게 되었다. 이처럼 질문은 아이의 생각을 발전시키고 삶을 이끄는 원동력이 된다.

❹ 질문으로 세상을 바꿀 수 있다.

인간은 신으로부터 세상을 경영할 사명을 떠맡았다고 유대인들은 믿는다. 세상의 모든 것을 잘 관리하고 불합리한 점을 고쳐서 더 나은 세상으로 만들어야 하는 사명이 그것이다. 그렇게 하기 위해서는 반드시 질문이 필요했다. 내가 정말 잘하고 있는가? 세상의 어떤 점이 부족한가? 신은 우리가 어떻게 세상을 다스리길 원하는가? 우리는 삶의 진정한 가치와 행복을 얻기 위해 이런 수많은 질문에 대한 답을 찾아가야 한다.

'티쿤올람Tikkun olam'은 세상을 개선한다는 뜻이다. 유대교의 신비주의인 '카발라Kabbalah'에서 왔으며 이는 신이 완전한 세상을 창조한 것이 아니라는 사실로부터 비롯되었다. 신이 모든 것을 완벽하게 만들지 않은 이유는 인간 스스로 결핍의 공간을 메우는 묘안을 찾기를 원하기 때문이다. 그러기 위해서 우리는 먼저 자신에게 어떤 부분이 결핍되어 있고 그 결핍을 이겨내기 위한 방법은 무엇인지 의문을 가져야 한다. 그런 노력의 일환으로 인간은 수많은 법칙을 발견하고 새로운 발명을 해왔다. 그래서 점점 더 인간은 세상을 알게 됐고 그만큼 더 세상을 더 좋은 곳으로 만들기 위해 노력해왔다.

물론, 그런 노력이 오히려 세상을 인류가 살기에 더 어려운 곳으로 만들었다는 반론도 있다. 그럼에도 불구하고 세상을 더 좋은 곳으로 만들기 위한 인간의 노력을 평가 절하할 수는 없다. 여전히 자연 상태의 삶이 최선이라는 결론을 내리더라도 그 속에서도 반드시 티쿤올람의 사명을 다하기 위해 노력해야 한다. 질문에 대한 답을 찾아 세상을 더 나은 곳으로 만든 경우를 역사속에서 더 많이 발견할 수 있다. 뉴턴이 발견한 만유인력이 인공위성을 띄우는 일을 가능케 했듯이.

❺ 질문은 아이의 사고와 마음을 성숙하게 만든다.

유대인들이 질문을 생활화하는 이유는 무엇일까? 신이 말한 대로 순종하면 되지 굳이 의문을 품을 이유는 없지 않는가? 하지만 유대인들은 신의 명령을 거스르기 위해 질문하는 것이 아니다. 신의 뜻을 좀 더 구체적으로 찾고 자신이 더욱 행복해지기 위해 질문하는 것이다. 유대인의 성경은 모든 질문에 대해 답해 주지 못한다. 성경은 연대기 순으로 서술된 경우가 많고, 주로 신과 인간이 행한 일이 무엇인지에 대해서만 말하고 있다. 겉으로 드러난 사실 아래 숨은 원인, 즉 "왜?"에 대해서는 대개 미흡하게 서술돼 있다.

이런 까닭에 유대인들은 성경에 대해 "왜?"라는 질문하며 숨은 의미를 찾는 노력을 게을리하지 않았다. 설사 만족스러운 답을 얻지 못하더라도 유대인들은 그 질문을 통해 그들의 신앙과 신의 말씀을 실천하는 데 매우 유용한 통찰력을 얻게 되었다. 이것은 곧 신을 향한 거룩한 질문이며 이런 질문이 많아질수록 신을 닮아가는 삶을 살게 된다고 유대인들은 믿는다. 신을 닮아갈수록 영적으로 더욱 더 성숙한다는 것이 유대인들의 주장이다. 종교적인 면을 떠나 하브루타 교육을 받는 한국의 아이들은 이 세계가 왜 이렇게 이루어졌는지, 앞으로 더 올바르고 행복하게 살기 위해서는 어떻게 해야 하는지 스스로 생각하고 답을 찾게 되기 때문에 더욱 성숙한 생각과 마음을 갖게 된다.

요컨대, 하브루타 독서에서 질문은 단순히 정보 교류나 어떤 호기심을 충족하기 위한 답을 찾는 데만 머물지 않는다. 책을 읽으며 질문하고 대화하는 공부법은 삶을 이끄는 '비전'과 인생의 중요한 가치를 발견하는 '성숙한 삶의 자세'를 찾을 수 있도록 도와준다. 이러한 질문의 힘을 알기에 하브루타 독서 교육에서는 단순히 책만 읽는 것이 아닌 '질문하고 대화하는 독서법'을 강조하는 것이다.

다음 장부터는 존 스튜어트 밀, 플라톤, 아리스토텔레스 등 세계적인 철학자들이 쓴 고전을 아이와 함께 쉽고 재미있게 읽을 수 있는 독서법을 소개한다. '어떻게 이 고전을 다 읽지?', '아이들에게 어떤 질문을 해야 하지?' 분명 대부분의 부모들은 이런 걱정이 앞설 것이다. 하지만 철학자들의 사상과 고전을 잘 모른다고 해서 무작정 겁낼 건 없다. 고전을 읽지 않은 부모도 쉽게 하브루타 독서 교육을 시작할 수 있도록 실제로 내가 가정에서 아이들과 나누는 대화 사례, 질문 사례, 하브루타식 질문 만들기 실전 지침 등을 자세히 수록했다. 또한 철학자들의 생애와 사상, 저서에 대한 설명을 아빠와 아이가 서로 대화하는 형식으로 구성하여 누구든지 가정에서 재미있게 독서 교육을 할 수 있도록 도왔다. 부모들은 이 책을 통해 하브루타 독서 교육을 위한 다양한 정보와 이야깃거리를 얻을 수 있다.

2장

남다른 사고력과 판단력을 키우는 하브루타 독서

Havruta Reading

생각과 표현의 자유를 알려 주는 존 스튜어트 밀 이야기

/ 다수가 결정하면 항상 옳을까? /

국민이 주인인 민주주의 국가에서 민주시민으로서 살아가게 될 아이들이 자신의 생각을 표현하고 사상의 자유를 누리도록 가르치고 인도하는 것은 부모들의 가장 중요한 책무 중 하나다. 이것은 헌법이 모든 국민에게 보장한 행복 추구권을 행사하는 가장 중요한 토대이기도 하다. 자신의 생각과 사상을 마음대로 표현할 수 있다는 것은 민주주의 사회에서 늘상 있게 되는 수많은 토론에 참여할 수 있음을 뜻한다. 누구로부터도 그런 자유를 억압당해선 안 된다. 소수의견을 가지고 있는 경우엔 더욱 그렇다. 다수의견을 가진 사람들이나 권력의 눈치를 보지 않고 소신 있게 자신의 의견을 표현할 수 있는 자유가 보장된 나라야말로 진정한 민주주의 국가라고 할 수 있다.

철학자이자 정치 사상가인 존 스튜어트 밀은 하브루타를 이야기할 때 빠지지 않고 꼭 등장하는 인물이다. 밀은 어린 시절부터 전날 읽은 책의 내용을 아버지와 함께 대화하는 시간을 매일 가졌다. 아버지와의 대화는 밀로 하여금 다양한 책과 학문을 접하도록 했고 밀의 인생에 긍정적인 영향을 끼쳤다. 훗날 밀은 아내인 해리엇 테일러와도 하브루타식 대화를 나누었다고 한다.

존 스튜어트 밀의 《자유론》은 아이와 '자유'에 대한 하브루타 대화를 나눌 수 있는 좋은 소재가 된다. 많은 사람들이 동의한 의견이 언제나 옳다고 말할 수 있을까? 만약 내 아이의 의견이 다수의 의견에 의해 묵살된다면, 혹은 내 아이가 자신과는 다른 생각을 가진 사람을 무조건 배척하고 있다면, 부모는 어떤 말을 해 줄 수 있을까? 《자유론》의 내용에 대해 아이와 하브루타 대화를 나눈다면 아이는 '생각과 표현의 자유'를 배우고 포용력을 키우게 될 것이다.

밀은 《자유론》에서 다수결의 원칙에서 배제된 소수의 의견과 행복에 대해 탐구했다. 만약 다수에 의해 배제된 소수의 의견에 진리가 담겨 있다면 어떻게 할 것인가? 또한 다수의 행복을 위해 소수의 행복은 간과되거나 묵살되는 것이 옳은가? 밀은 이것을 《자유론》에서 '다수의 횡포'라고 지적했으며 아무리 다수의 의견이 옳다하더라도 소수의 의견이나 행복이 무시되면 안 된다고 주장했다. 설령 소수의 의견이 틀렸다고 하더라도 존중 받아야 한다는 것이 밀의 주장이다. 왜냐하면 그 소수 의견으로 최소한 진리가 더욱 진리다워지기 때문이다. 민주주의에서는 다수의 의견뿐만 아니라 개별성과 다양성도 반드시 중요시되어야 한다는 것이다. 건강한 사회를 유지하기 위해서는 서로 대립되는 여러 가지 의견들이 존재해야 하며, 다양한 의견들을 화해시키고 결합시켜야 온전한 진리를 찾을 수 있다고 했다.

《자유론》은 아이들이 혼자 책으로 읽기에는 너무나 어렵지만, 질문과 대화로 이루어지는 하브루타 독서법으로는 쉽게 이해할 수 있다. 나와 아이들이 《자유론》에 대해 질문하고 대화한 내용을 참고로 하여 아이와 함께 '자유, 행복, 다양성, 다수결의 원칙' 등에 대해 자유롭게 이야기해 보자.

/ 자유가 없어지면 우리는 어떻게 될까? /

8월의 어느 날, 엘리베이터 게시판에 붙어 있는 '태극기 홍보 자료'를 아이들과 함께 보게 되었다. 그 날은 광복절과 같은 국경일이 아니라, 나라를 잃은 슬픈 날을 기억하자는 '경술국치일(8월 29일)'이었다.

주하 경술국치일이 무슨 날이에요?

아빠 음, 주하 생각에는 저 말이 무슨 뜻인 것 같니?

주하 저기에 '나라 잃은 슬픈 날'이라고 나와 있어요. 제가 알고 싶은 것은 '경술국치'란 단어가 무슨 뜻이냐는 거예요.

어느새 우리는 하브루타 가족 식탁에 앉아 있었다. 내가 먼저 말했다.

아빠 그러니까 말 그대로 '경술년에 일어난 국가의 치욕적인 일'이라는 거지. 경술년은 1910년, 일본이 우리나라를 강제로 자신들과 합쳐버린 '한일병탄'이 일어난 해야. 그렇기 때문에 경술국치일은 우리나라로서는 아주 슬프고 치욕적인 날이지. 어쩌면 8월 15일 광복절보다 8월 29일 경술국치일을 더 마음에 새겨야 하는지도 몰라.

주하 왜요? 왜 기쁜 날보다 슬픈 날을 더 마음에 새겨야 해요?

아빠 우리 민족이 나라를 잃고 일본에게 식민 지배를 받으며 고통을 당하기 시작한 날이기 때문이지.

주하 일본이 우리 민족을 그렇게 못살게 굴었어요?

아빠 그럼! 일본은 우리 민족에게서 외교권과 국권을 빼앗고 조선총독부라는 것을 만들어 우리의 주인 행세를 하기 시작했단다. 헌병들을 데려다가 자신들의 경찰 역할을 시켰고, 총칼을 앞세워 우리의 생활을 간섭했단다. 우리의 자유를 빼앗은 거지. 한글 쓰는 것을 금지하고 성姓을 바꾸는 창씨개명을 하는가 하면, 우리 고유의 문화도 없애버리는 민족말살 정책을 폈지 뭐냐!

주하 와, 정말 나쁜 사람들이네요! 아빠, 그런데 왜 우리나라는 그렇게 당하기만 했어요?

아빠 우리에게는 힘이 없었지. 일본은 빠르게 외국의 문물을 받아들여 경제의 발전을 이루고 신식 무기도 만들었지만 우리는 조선 말기에 쇄국 정책(다른 나라와의 통상과 교역을 금지하는 정책)을 펴는 바람에 모든 면에서 후퇴했고 차츰 국력이 약해졌단다. 참, 주하야, 얼마 전에 엄마, 아빠랑 《암살》이라는 영화를 봤지? 어떤 내용이었는지 기억하니?

주하 네, 김구 선생님이 중국에서 독립운동을 하면서 일본 군대 대장과 일본의 앞잡이를 죽이는 영화였어요.

아빠 맞아. 우리는 지금 우리가 누리고 있는 자유가 얼마나 소중한 것이고 또 이 자유를 지키기 위해 우리의 조상들이 얼마나 값진 희생의 대가를 치렀는지 잘 알지 못하고 있어.

주하 아빠, 자유가 없어지면 어떤 상태가 돼요? 먹고 살기도 힘들어지나요?

아빠 먹고 살기 힘들어지는 것뿐만 아니라, 생각하고 토론할 수 있는 자유는 물론 내 마음대로 여행할 수 있는 자유도 없어진단다. 일본인들은 우리나라 사람들을 무조건 의심했어. 자신들에게 나쁜 짓을 할 거라고 생각했지. 그래서 우리나라 사람들을 감옥에 가두고 때리는 법을 만들었단다.

주하 와, 정말 화가 나요! 진짜 나쁜 짓을 한 것도 아닌데 때린다고요?

아빠 그래. 그것이 바로 우리 역사의 뼈아픈 역사란다. 그래서 나라를 빼앗긴 경술국치일을 절대로 잊지 말아야 해.

나는 일제의 만행에 화가 난 아이들에게 자유의 의미와 소중함을 알려주고 싶었다. 자유에 대해 탐구하면 삶에서 가장 중요한 가치가 무엇인지, 또 이 세상에 나와 다른 생각을 가진 사람들이 얼마나 많은지 깊게 생각해 볼 수 있기 때문이다. 이야기를 시작하기에 앞서, 나는 먼저 주하가 스스로 생각할 수 있도록 한 가지 질문을 던졌다.

아빠 주하야, 자유란 무엇일까?

주하 자유는 내 마음대로 할 수 있는 것 아니에요?

아빠 그렇다고 무엇이든 자기 마음대로 하는 것은 아니지 않을까?

주하 남에게 피해를 입히면 안 돼요. 일본인들도 우리에게 피해를 입히면서 자유를 빼앗았잖아요.

아빠 그래, 맞아! 다른 사람에게 피해를 입히거나, 다른 사람의 생명이나 안전을 위협하면서까지 자유를 누리면 안 되겠지? 이런 자유에 대해 깊게 생각한 사람이 있어. 바로 영국의 유명한 철학자, 존 스튜어트 밀이란다. 그는 《자유론》이라는 책을 통해 자유를 탐구했어.

주하 존 스튜어트 밀은 어떤 말을 했는데요?

아빠 밀도 주하와 똑같은 대답을 했어! 다른 사람에게 피해를 주거나 생명과 안전을 위협하지 않는 범위에서의 자유를 이야기했지.

주하 나랑 똑같네! 그런데 존 스튜어트 밀은 자유에 대해 또 어떤 말을 했어요?

아빠 음, 밀은 '생각하고 토론하는 자유'를 이야기했단다.

주하 그런데 생각하고 토론하는 것은 누구나 하는 거 아니에요?

아빠 옛날에는 내 마음대로 생각하지도 못하게 막고, 자유 토론도 못하게 했어!

주하 어떻게 생각을 내 맘대로 못하게 해요? 사람들이 머릿속에 들어와서 족쇄를 채워놓을 수는 없잖아요.

아빠 생각을 못하게 한다는 말은 무슨 뜻일까? 생각한 것을 말로 표현할 수 없도록 한다는 것과 같아. 다시 말해 마음속의 생각을 말하는 것을 못하게 한 것이지.

주하 그러니까 대화나 토론을 맘 놓고 못하게 하는 것이네요?

아빠 그렇지, 밀의 사상을 살펴 보자. 첫 번째로 그는 자유를 정의했고, 두 번째로 자유의 한계를 이야기했어. 그리고 세 번째로 생각과 토론의 자유를 이야기하지! 그런데 여기서 가장 중요한 부분이 있단다. 바로 '개별성'이야.

주하 개별성? 그게 뭐예요?

/ 왜 소수의 의견을 듣는 것이 중요할까? /

아빠 생각과 토론의 자유를 이야기하려면, 개별성에 대해 반드시 짚고 넘어가야 해. 다수의 의견보다는 소수나 개인의 의견도 중요하다는 관점이야.

주하 얼마 전에 반장 선거를 했는데, 선생님께서 '다수결의 원칙'으로 반장을 뽑아야한다고 말했어요.

아빠 민주주의 사회의 단점 중 하나는 다수결에 의해 의사 결정이 이루어진다는 거야. 이때 자칫 잘못하면, 소수의 의견이 무시될 수 있단다. 밀은 이것을 '다수의 횡포'라고 했어.

주하 정말 소수의 의견이 무시되는 상황이네요. 다수의 횡포! 사실 저도 그런 적 있어요. 제 의견이 무시당한 적 말이에요. 그래서 저는 친구들보다 언니들이나 동생들이 더 좋아요. 언니들이나 동생들은 대부분 내 의견에 따라주거든요.

아빠 그래, 소수의 의견이라도 무시하지 않고 들어주는 것이 중요해. 주하도 친구들에게 그랬으면 좋겠구나. 그런데 주하야, 왜 소수의 의견을 듣는 게 중요할까?

주하 글쎄요! 오히려 다수결로 하면 더 편할 것 같은데요?

아빠 소수의 의견을 들어주면 다수의 의견이 더 빛날 수 있단다. 사실 대부분 다수의 의견이 진리인 경우가 많거든.

주하 소수의 의견을 들어주는 것 자체가 다수에게도 유리하다는 말이죠?

아빠 그렇지. 그리고 소수의 의견이 진리일 수도 있기 때문이야.

주하 어떻게 소수의 의견이 진리인 경우가 있을 수 있어요?

아빠 일반적으로 흔하지는 않지만 그런 경우가 간혹 있단다. 그 대표적인 사례로 '지동설'을 주장한 코페르니쿠스와 갈릴레오 갈릴레이를 예로 들 수 있어.

주하 맞아요! 하마터면 갈릴레이가 지동설을 주장하다가 죽을 뻔 했어요!

아빠 주하가 잘 기억하고 있구나! 만약에 지동설이 빨리 받아들여졌다면 지구과학이 더 발달했을지도 모르지.

주하 그래서 소수의 의견을 들어주는 것이 중요하단 말이죠? 저도 이제 다른 친구들의 의견에 더욱 귀를 기울여야겠어요.

/ 나 때문에 타인이 불행해진다면, 어떤 결정을 내려야 할까? /

아빠 존 스튜어트 밀이라고 하면 또 빼놓을 수 없는 것이 하나 있지. 바로 양적인 행복과 함께 질적인 행복도 중요하다는 거야.

주하 질적인 행복? 말이 너무 어려워요. 그게 뭐예요?

아빠 그것은 말이지, 바다에서 조난을 당한 사람들끼리 끝까지 죽음의 고통을 참고 견디는 것과 같은 것이란다.

주하 고통을 견디는 게 왜 행복해요?

아빠 영국에서 일어난 일을 하나 들려줄게. 네 명의 선원이 바다에서 조난을 당했어. 시간이 지날수록 음식과 물은 점점 바닥이 났지. 세 명의 선원은 살아남기 위해 가장 어린 청년을 살해해서 먹어버렸단다!

주하 너무 끔찍해요! 어떻게 그럴 수가 있어요?

아빠 주하야, 넌 어떻게 생각하니? 한 사람이 희생을 하면 세 사람이 살 수 있어. 하지만 그렇지 않은 경우 네 사람 모두 죽게 돼. 그럼 어떤 선택을 하는 것이 옳을까?

주하 그래도 내가 살기 위해 다른 사람을 죽이는 것은 안 되죠. 바닷물을 마시면 되잖아요?

아빠 바닷물을 마시면 오히려 탈수 현상이 일어나서 더 빨리 죽는 걸!

주하 그럼 물고기를 잡아먹으면 되잖아요?

아빠 이제 물고기도 더 이상 잡히지도 않고, 구조된다는 보장도 없어. 오늘 당장 굶어 죽을 수밖에 없단 말이야. 어떻게 하면 좋겠니?

주하 그럼 그 선원들은 어떻게 되었어요?

아빠 그 선원들은 며칠 후 구조가 되었고 동료를 살해한 죄로 감옥에 갇히게 되었지. 목숨은 구했지만 철창신세가 되었어.

주하 한 사람이 죽어서 세 사람이 살았네요.

아빠 사람을 죽이는 게 선원들의 최선의 선택이었을까? 다른 선택은 없었을까?

주하 그나마 많은 사람이 살 수 있는 방법을 택한 거네요.

아빠 그렇다면 감옥에서 평생 사는 것은 과연 행복할까?

주하 절대로 행복하지 않을 것 같아요. 감옥에 갇혀있는 데다가 자신이 살기 위해 동료를 죽였다는 사실 때문에 영원히 괴로울 것 같아요.

아빠 만약 보트에 남은 선원들이 동료를 죽이지 않고 끝까지 버티려고 했다면 어땠을까? 비록 고통스럽지만 그것이 더 명예로운 죽음이 되지 않았을까?

주하 그렇다면 고통도 행복이 될 수 있겠네요. 하지만 그건 정말 어려운 선택일 것 같아요.

아빠 주하야, 실제로 그런 일이 있었어. 칠레의 매몰 광산에 33명의 광부들이 갇혔는데, 그들은 침착함을 잃지 않고 전원 생존에 성공했지!

주하 어떻게요?

아빠 그때 매몰 현장에서 한 사람이 중요한 역할을 했다고 해. 바로 작업반장이었어. 작업반장은 침착하게 매몰 인부들을 설득했어. 모두가 함께 살아야 한다는 생각으로 적은 식량도 서로 나누어 먹었지. 반드시 구출될 것이라는 희망을 절대로 잃지 않았다고 해.

주하 와, 정말 대단해요! 저도 나중에 크면 그런 훌륭한 리더가 되고 싶어요!

아빠 그래. 우리 주하도 그런 사람이 꼭 될 거라고 믿는다.

존 스튜어트 밀

John Stuart Mill, 1806~1873

1806년 영국 런던에서 태어난 존 스튜어트 밀은 어렸을 때부터 아버지 제임스 밀에게 '공리주의' 교육을 받았다고 해. 공리주의란 '최대 다수의 최대 행복' 실현을 목적으로 한 사상이야. 공리주의는 다수결의 원칙이 의사결정의 주요 수단이 되는 민주주의의 기초적인 배경이 되었어. 밀의 아버지는 당시 대표적인 공리주의자였던 제레미 벤담의 친구였지. 그러다 보니 밀의 아버지는 벤담에게 영향을 많이 받았던 것 같아.

아버지의 가르침은 지나치게 논리와 이성에 치우쳐 있었지. 그러다 보니 밀은 감성이 중요시되는 교육을 받지 못했고 결국 밀은 스무 살이 되었을 때 정서적 위기를 겪게 되었단다. 그는 삶의 해답을 스스로 찾기 위해 노력했고, 결국 논리만 강조되고 감정이 무시되는 교육에 맹점이 있다는 것을 깨닫게 되었어.

아버지의 영향으로 공리주의자였던 밀은 양적인 행복과 함께 질적인 행복도 있다는 사실을 깨닫고 "배부른 돼지보다 배고픈 소크라테스가 더 낫다."라는 유명한 말을 남겼단다. 《자유론》도 마찬가지다. 의회 민주주의가 발달한 영국에서 국민들의 자유는 양적으로 증가된 것처럼 보였지만 정작 다수의 횡포에 의해 소수 의견이 묵살되는 사회에서 시민들은 질적으로 우수한 자유를 누릴 수는 없었지. 밀은 이를 목격하고 《자유론》을 쓰기로 한 거야. 밀은 《자유론》에서 소수 의견이라도 존중받는 민주주의 사회야말로 질적으로 우수한 민주주의 사회라고 생각했어.

LIBERTY

JOHN STUART MILL.

1859년 영국에서 첫 출간된
《자유론(On liverty)》 첫 페이지

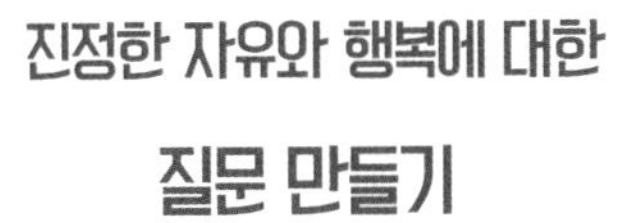

진정한 자유와 행복에 대한

질문 만들기

- 자유란 무엇일까?
- 내 마음대로 할 수 있는 게 자유 아니에요?
- 소수의 의견이 진리가 될 수 있어요?
- 사람들 앞에서 네 의견이 무시당한 적 있니?
- 한 사람의 희생으로 세 사람이 살 수 있다면, 어떻게 해야 할까?
-
-
-
-
-
-
-

지혜롭고 도덕적인 인재를 만드는 플라톤 이야기

/ 왜 요즘 세상은 착하고 올바른 사람을 바보 취급할까? /

요즘 사회에서 "착하다."는 말은 "이용당하기 쉽다." 또는 "바보 같다."는 말로 해석되곤 한다. 언제부터인가 우리는 착한 사람을 바보 취급하고 있다.

이런 현상이 나타나는 이유는 '착하다'는 것이 줏대 없이 상대방에게 쉽게 휘둘리는 것처럼 보이기 때문이다. 착하고 도덕적인 마음을 가지면서도 손해 보지 않고 위험에 빠지지 않는 지혜를 가진다면 얼마나 좋을까? 이런 지혜는 곧 성숙한 인격의 중요한 요소가 된다.

부모라면 누구나 자녀를 지혜롭고 도덕적인 사람으로 키우고 싶어 한다. 좋은 학벌, 고등 사고력을 갖추고 있어도 결핍되기 쉬운 성품이 바로 이 '도덕성'이다. 최근 기업들은 고학력자보다 훌륭한 인품을 갖춘 인재를 찾고 있다. 또한 'IQ·EQ 박사'로 널리 알려진 현용수 박사는 "왜 교육은 발달하는데 인간성은 갈수록 피폐해지는가?"라는 질문을 던지며 배움과 삶이 일치하는 유대인의 인성 교육을 한국에 소개하기도 했다.

인간의 도덕성에 관한 문제는 고대로부터 많은 철학자들 사이에서 논의되어 왔다. 특히 그리스의 철학자 플라톤은 저서 《국가》를 통해 인간이 올바른 삶을 살기 위해서는 개인과 국가가 어떤 역할을 해야 하는지에 대해 깊게 고민했다.

BC 5세기, 그리스는 혼란스러운 정치 상황과 전쟁 등으로 점점 국운이 기울고 있었다. 플라톤의 스승 소크라테스는 정치적인 이유로 죽임을 당하게 되었고 이런 상황을 지켜보던 플라톤은 과연 올바른 삶이란 무엇이며, 인간이 올바른 삶을 살기 위해서는 개인과 국가가 어떤 역할을 해야 하는지에 대해 고민하기 시작했다. 이러한 고민의 결과가 바로 《국가》라는 책이다. 플라톤은 《국가》에서 올바른 국가가 되기 위해서는 그 국가를 구성하는 가장 기본 단위인 '개인'이 올바른 것을 실천해야 한다고 말했다.

《국가》에 대해 부모와 이야기하는 시간을 통해 자녀는 도덕적 개념 중의 하나인 '올바름', 즉 '정의'에 대해 생각하게 된다. 앞서 말했듯이 이 시대는 공부만 잘 하고 학벌만 좋은 인재를 원하지 않는다. 어떤 것이 정의로운 것인지 구분할 줄 알며 도덕적이고 겸손한 인재가 주목받고 있다.

아이에게 《국가》를 이해시키기 위해서는 어떻게 해야 할까? 부모는 아이에게 '좋음'과 '착함'이 무엇인지 질문할 수 있다. 또한 아이가 생각하는 '옳고 그름'이란 무엇인지 질문할 수 있으며 소크라테스의 대화 속에 나타난 철학자들의 견해에 대해 이야기해보는 것도 좋다. 이러한 대화를 통해 아이는 인간의 올바름에 대해 생각하게 되고 더 나아가 가정, 이웃, 사회, 국가의 단계로까지 정의와 도덕의 개념을 확장시키게 된다.

/ 사람은 무조건 정직해야 할까? /

나는 식탁에서 아이들과 '도덕'이라는 주제로 대화를 해 보고 싶었다. 그러기 위해서는 먼저 '올바름'에 대해 이야기할 필요가 있었다.

아빠 주하야, 서양의 고대사회에는 '올바른 것'에 대해 관심을 가진 철학자가 있었어.

주하 그래요? 그게 누군데요?

아빠 바로 플라톤이란다.

주하 플라톤이란 사람은 올바른 것에 대해 뭐라고 말했어요?

아빠 주하는 올바른 것이 무엇이라고 생각하니?

주하 아빠, 저는 어떤 법과 규칙을 잘 지키고 거기에서 벗어나지 않는 것이 올바른 것이라고 생각해요!

아빠 오우, 올바름을 법과 규칙의 테두리 안에서 이해했구나.

주하 자기가 해야 할 일을 끝내는 것도 올바른 것 같아요.

아빠 올바른 것이란 어떤 '의무'가 될 수도 있구나. 사람이라면 꼭 해야 하는 일 말이야. 플라톤도 올바름에 대해 많은 고민을 했단다. 올바름이란 한 마디로 '정의'라고 할 수 있어. 올바름에 대한 탐구는 결국 "정의란 무엇인가?"에 대한 고민이야. 어느 날 플라톤의 스승 소크라테스는 주변 사람들과 정의에 대한 토론을 했어.

주하 뭐라고 말했는지 궁금하네요.

아빠 첫 번째로 케팔로스란 사람이 말을 꺼냈어. 케팔로스는 정의란 어떤 상황에서도 정직한 것이며, 남에게 뭔가를 받았다면 그대로 돌려주는 것이라고 설명했지.

주하 맞는 말 같네요. 정직한 게 올바른 것이죠.

아빠 하지만 정직한 것이라고 해서 항상 옳은 것은 아니란다. 소크라테스가 말했지. 만약에 어떤 사람이 친구에게 무기를 맡겼는데 시간이 지나 그 사람이 정신이 이상해진 상태에서 무기를 찾으러 왔다면 과연 친구가 무기를 내어주는 것이 옳은 일일까?

주하 잘못하면 그 무기로 친구를 해칠 수도 있겠네요.

아빠 그렇지. 이런 경우에는 정직하게 말하는 것과 받은 것을 그대로 되돌려주는 것이 옳은 일이 아니라는 거지.

주하 아빠, 또 다른 경우도 있어요. 만약 친구가 옷을 샀는데 솔직히 내가 보기에는 별로라는 생각이 들어도 예쁘다고 말해주는 것이 올바른 거예요. 이런 경우에는 마음속의 말을 솔직하게 표현하는 것이 정직하지만 올바르지 않은 것이죠.

아빠 음, 그럴 때는 올바르다는 말보다 지혜롭다고 표현하는 것이 더 좋겠구나!

/ 좋은 친구와 나쁜 친구, 가려낼 수 있을까? /

주하 그럼 소크라테스는 무엇을 올바른 것으로 여겼어요?

아빠 두 번째로 폴레마르코스란 사람이 말했어. 그는 정의란 친구에게는 좋은 일을 해주지만 적에게는 나쁜 일을 당하도록 만드는 것이라고 했단다.

주하 그것은 좀 아닌 것 같아요! 우리 속담에도 "미운 놈 떡 하나 더 준다."는 말이 있잖아요. 아무리 적이라도 나쁜 일을 당하도록 만들면 안 되지 않아요?

아빠 그래. 소크라테스는 일단 누가 친구인지, 누가 적인지 정확히 가려낼 수가 없다고 말했어.

주하 왜요? 친구인지 적인지는 쉽게 알 수 있지 않나요?

아빠 주하야, 좋은 친구라고 생각했지만 배신감을 느끼기도 하고 나쁜 친구라고 생각했지만 다시 좋아하게 된 적이 있지 않니?

주하 그건 그래요. 아! 정말 가끔은 누가 좋은 친구인지, 나쁜 친구인지 가려낼 수가 없겠네요.

아빠 소크라테스는 바로 그 점에 착안했단다. 그러니까 좋은 친구가 누구인지 알 수도 없을뿐더러, 좋은 친구라고 생각했던 사람이 남을 해롭게 할 수도 있다는 것이지.

주하 사람들마다 정의에 대한 생각이 모두 다르네요. 또 다른 사람은 뭐라고 했어요?

아빠 세 번째로 트라시마코스라는 철학자는 지배자의 통치 논리라고 정의를 설명했어.

주하 지배자요? 어떻게 정의가 지배자의 통치 논리가 될 수 있어요? 이해가 안 돼요. 한 쪽에게만 유리하면 불공평한 거잖아요. 그럼 소크라테스는 트라시마코스의 말에 뭐라고 했어요?

아빠 당연히 옳다고 하지 않았지. 진정한 지배자라면 자신의 이익만을 생각하지 않고 지배를 받는 쪽의 이익도 함께 생각한다는 거야. 그것이 옳은 일 아니겠니? 하지만 트라시마코스는 그것을 순진한 생각이라고 비판했단다.

트라시마코스는 정의란 강자의 이익을 포장하는 데만 사용되고 올바르게 사는 사람에게는 불이익을 주기 때문에, 결코 인생에 도움이 되지 않는다고 말했어.

주하 그 말이 진짜라면, 왜 사람들은 올바르게 살아야 하나요? 소크라테스는 뭐라고 대답했어요?

아빠 정의와 불의 중 어떤 것이 더 강력한지, 정의로운 사람과 불의한 사람 중 누가 더 행복한지 지켜보아야 한다고 했어. 또한 소크라테스는 정의에 관해서는 개인의 책임도 있지만 국가 전체의 책임도 있다고 했단다.

주하 너무 어려워요! 점점 복잡해져요.

아빠 그래. 원래 철학 공부는 한 가지 주제를 두고 계속 파고 들어가는 것이기 때문에 복잡하고 어렵단다. 이렇게 '올바름' 하나로 여러 가지 생각을 떠올린 철학자들처럼 말이야.

주하 올바른 것이 무엇인지 밝히기 위해 엄청 많은 고민을 했네요.

/ 착하고 올바른 사람이 되기 위해서는 어떻게 해야 할까? /

아빠 플라톤은 '올바름'뿐만 아니라 '좋음'에 대해서도 이야기했단다.

주하 아이, 참! 어떻게 보면 할 일 없는 사람들 같아요. 올바른 것은 올바른 것이고, 좋은 것은 그냥 좋은 것이잖아요?

아빠 플라톤은 먼저 무엇이 옳은 것이고 무엇이 좋은 것인지를 구분하고 싶었던 것 같아. 그래서 올바름의 완벽한 모습과 좋은 것의 완벽한 모습을 각각 '올바름의 이데아'와 '좋음의 이데아'로 불렀단다.

주하 좋음의 이데아는 또 뭐예요?

아빠 좋음의 이데아는 모든 사물에 깃들어 있는 것인데 사물의 가장 좋은 상태, 또는 가장 좋은 모습이라고 생각하면 될 것 같아. 사물뿐만 아니라 사람, 국가도 마찬가지란다. 만물의 목적은 바로 좋음의 이데아를 이룩하기 위해서라고 할 수 있어.

주하 우리가 좋은 사람이 되기 위해 노력하는 것처럼 사물이나 국가도 마찬가지군요?

아빠 맞아! 좋은 사람이 되기 위해서는 어떻게 해야 할까? 완벽한 상태, 즉 올바르고 건강한 마음가짐을 갖기 위해 노력해야겠지?

주하 아빠, 그럼 올바른 사람, 좋은 사람은 어떤 사람이에요?

아빠 정말 좋은 질문이야! 플라톤은 가장 완벽한 사람을 '지혜의 머리, 용기의 가슴, 절제의 배'를 갖춘 조화로운 사람이라고 했단다. 지혜가 있는데 용기와 절제가 없으면 안 되고, 용기만 있고 지혜와 절제가 없어도 안 되며, 절제만 중요시하고 지혜와 용기가 없어도 안 되기 때문이란다.

주하 와! 정말 딱 들어맞는 것 같아요, 아빠! 지혜로운 머리, 용기를 품은 마음, 절제를 갖춘 배!

아빠 그렇지. 이런 사람을 바로 완벽한 사람이라고 할 수 있지!

주하 근데 아빠, 절제의 배가 무슨 뜻인지 잘 모르겠어요.

아빠 그러니까 먹고 싶은 것이 있는데 원하는 대로 먹는 것이 아니라 참고 인내하는 거야.

주하 왜 내가 하고 싶은 것을 다 하면 안 돼요? 왜 참고 인내해야 해요?

아빠 자기가 하고 싶은 것만 하며 살 수는 없어. 그럼 삶의 질서가 없어지고 방탕한 생활을 하게 된단다. 절제할 때 사람은 훌륭한 인격을 갖출 수 있어. 플라톤은 지혜, 용기, 절제를 갖춘 사람만이 완벽하다고 생각했어.

주하 아빠, 그런 사람이 실제로 있어요?

아빠 이렇게 완벽한 상태는 현실에서 도달하기 무척 어렵단다. 동그라미로 예를 든다면, 그릇이나 공 같이 동그랗게 보이는 물체도 실제로 완벽하게 동그랗지는 않다는 거야. 우리의 머릿속이나 마음속에는 완벽한 동그라미가 들어 있지만, 실제로 우리의 현실은 그런 완벽한 동그라미를 만들 수 없지.

주하 생각 속에는 완벽한 동그라미가 있다는 뜻이죠?

아빠 그렇지. 그래서 우리가 보고 느끼는 것들은 실제로 완벽한 상태가 아니야. 플라톤이 감각이나 경험을 무시하고 생각이나 이성을 중요하게 생각한 이유가 바로 그거야!

주하 그게 잘 이해가 안 가요. 왜 우리가 보고 느끼는 것이 중요하지 않죠?

아빠 자! 가령 사람이 동굴 속에서 나무에 묶인 채로 있다고 생각해 보자. 사람 뒤에서 불빛을 비춘다면 앞쪽에는 무엇이 생기겠니?

주하 당연히 그림자가 보이겠죠.

아빠 그래! 나무에 묶인 사람은 자기의 그림자를 보고, 그것만이 세상의 전부라고 느끼게 된단다.

주하 우물 안 개구리 같은 거네요.

아빠 그렇지! '시각'이라는 감각 때문에 눈에 비친 세상을 전부라고 생각하게 된다는 것이지. 그렇기 때문에 감각이나 경험에 의존하는 것은 잘못된 판단을 낳는다는 거야.

주하 와! 그렇게도 생각이 가능하네요! 그런데 생각만으로 세상을 모두 알 수 없는 거잖아요?

아빠 바로 그 점을 플라톤이 놓쳤다고 할 수 있지. 나중에 니체나 프란시스 베이컨처럼 경험을 중요하게 생각한 철학자들에게 큰 비판을 받게 된 이유란다.

/ 모든 시민이 행복한 이상적인 국가가 정말 존재할까? /

아빠 플라톤은 사람에게도 바람직하고 이상적인 상태가 있는 것처럼 국가도 마찬가지로 이상적인 상태가 있다고 했어.

주하 어떻게요? 어떻게 사람과 국가를 연관 지을 수 있어요?

아빠 플라톤의 책 《국가》에서는 이것을 자세하게 설명하고 있어. 국가는 세 가지 부분으로 나눌 수 있어. 머리에 해당하는 통치자, 가슴에 해당하는 수호자, 배에 해당하는 시민으로 나뉘지. 통치자는 지혜를 가져야 하고, 수호자에게는 용기가 있어야 하고, 시민들은 절제된 생활을 하며 조화롭게 살아야 이상적인 국가가 될 수 있다고 말했지.

주하 아하! 아빠, 이해할 수 있을 것 같아요. 그렇게 하면 정말 멋진 국가가 될 것 같아요.

아빠 암. 그렇고말고.

주하 하지만 시민들이 많은데, 모두 절제만 하는 게 가능해요?

아빠 그것 참 좋은 질문이구나! 그러니까 이상적인 국가지!

주하 그렇잖아요? 통치자는 한 명인데, 만약에 수호자들이나 시민들도 통치자가 되고 싶은 경우에는 어떻게 해요?

아빠 오호, 그래! 만약 수호자가 통치자가 되고 싶어서 무기로 시민들을 위협한다면 쿠데타가 일어나겠지?

주하 쿠데타는 또 뭐예요?

아빠 쿠데타는 시민을 대표하는 것이 아니라 권력을 잡기 위해 시민을 총칼로 위협하는 것이란다.

주하 아빠, 시민을 지키는 수호자가 시민을 총칼로 위협한다니 너무 무서워요.

아빠 그런 일이 절대 일어나서는 안 되지만 우리나라에서도 그런 역사가 있었단다. 군대의 힘을 나라를 지키는 데 쓰지 않고 시민을 지배하는 데에 쓴 거야.

주하 나쁜 사람들이네요. 그러면 시민들이 통치자가 되고 싶어 할 때는 어떻게 해요? 그래도 문제가 되나요?

아빠 시민 모두가 통치자가 될 수 없으니 그런 경우 시민을 대표하는 한 사람이 통치자가 되어야 해.

주하 아하, 그렇게 해서 대통령을 뽑는 거군요?

아빠 그래 바로 그거야. 다수의 의견을 묻는 것이 민주주의의 기본 원칙이 되는 거야.

주하 아빠, 그럼 플라톤이 민주주의를 가장 먼저 주장했어요?

아빠 아, 그건 아니란다. 플라톤은 철학자가 통치자가 되는 '철인 정치'를 가장 이상적인 정치라고 주장했단다.

주하 철학자가 정치를 한다고요?

아빠 그래, 철학자가 통치자가 되는 거야. 플라톤은 이상적인 정치 체제(정체)를 철인정체라고 하고, 거기서 점차 나빠지면 차례로 명예정체, 과두정체, 민주정체, 참주정체 순으로 생각했지. 민주 정치는 꼴찌에서 두 번째로 생각했어. 좀 의외지?

주하 그런데 과두 정치는 뭐예요?

아빠 과두 정치라는 것은 2~3명이 통치자가 되는 거야. 로마 시대에는 그런 과두 정치 체제도 나타난 적이 있었단다.

주하 그런데 플라톤은 왜 민주 정치를 꼴찌에서 두 번째로 취급했어요? 잘 이해가 안 가요.

아빠 그것은 당시 플라톤이 살았던 그리스가 민주 정치 체제였는데, 스승인 소크라테스가 민주 정치 체제의 희생으로 죽게 되었기 때문이야. 통치를 받아야 할 시민들이 통치를 하고 있으니 어리석은 정치를 할 수밖에 없다는 거야. 플라톤은 그런 현상을 보면서 민주 정치에 맹점이 있다고 생각한 것이지.

주하 스승 때문에 그런 생각을 하게 됐군요! 그런데 우리나라도 민주주의잖아요?

아빠 응. 하지만 민주주의라고 해서 반드시 완벽한 것만은 아니란다.

주하 그럼 어떡해요? 철인 정치가 가장 좋은 거예요?

아빠 그것도 아니야. 완벽하고 가장 좋은 정치 체제는 없단다. 철학자마다 생각이 달랐어. 플라톤의 제자 아리스토텔레스는 민주 정치를 가장 좋은 정치 체제로 여겼단다.

주하 아리스토텔레스가 그랬다니, 이제야 좀 안심이 되네요! 나중에 아리스토텔레스의 철학도 이야기해 주세요, 아빠.

플라톤

Platon, BC 427~347

플라톤은 고대 그리스를 대표하는 철학자야. 플라톤을 이야기하지 않고서는 서양 철학을 논할 수 없을 정도로 그는 서양 철학 발전에 지대한 공헌을 했단다.

플라톤은 《국가》를 통해 모든 만물에는 완벽한 모습, 즉 이데아가 있다고 말했어. 그리고 완벽한 국가를 만들기 위해서는 국가의 가장 기본 단위인 개인이 올바른 일을 실천해야 한다고 주장했지.

또한 그는 인간의 감각과 경험만으로는 진리를 이해할 수 없으며, 이것을 동굴에 들어간 것과도 같다고 말했어. 동굴에 들어간 사람은 자신의 그림자만을 세상의 전부라고 생각하게 되는데, 이 생각은 '감각으로 인한 오류'라는 거야. 그래서 플라톤은 감각과 경험이 아닌 생각과 이성으로 진리를 찾을 수 있다고 보고, 이성 속에 존재하는 완벽한 모습이나 현상, 즉 이데아와 현실은 다르다고 생각했어. 현실은 이데아의 그림자에 불과하다는 거야.

생각과 감각, 이성과 경험, 완전한 세계와 불완전한 세계. 플라톤은 《국가》를 통해 이렇게 세계를 두 가지로 나누어서 생각하는 이원론적 세계관을 제시했어. 그리고 감각보다는 이성, 육체보다는 영적인 요소를 더 중요하게 생각했어. 감각과 경험은 불완전하며 늘 변하기 때문에 도무지 알 수 없는 세계라고 판단한 거지.

《국가》를 통해 우리들은 옳고 그름, 좋고 나쁨, 완전함과 불완전함에 대해 깊게 생각해볼 수 있어. 또 '좋은 사람'의 조건을 탐구하는 과정을 통해 우리 자신 역시 좋은 사람이 될 수 있단다. 그럼 어떤 상황에서도 정의와 불의를 구분할 수 있는 지혜를 갖게 될 거야.

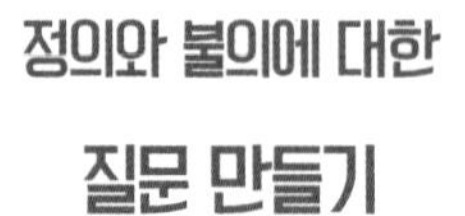

정의와 불의에 대한
질문 만들기

- 왜 사람은 올바르게 살아야 할까?
- 착한 사람, 나쁜 사람은 어떻게 구분할 수 있을까?
- 이상적인 국가의 조건은 무엇일까?
-
-
-
-
-
-
-
-
-

아이의 정서적 문제를 줄여 주는 아리스토텔레스 이야기

/ 나는 공동체 속에서 어떤 역할을 해야 할까? /

초등학교 1학년 남자 아이가 친구 집에 놀러갔다가 생긴 일이다. 재미있게 놀던 아이는 흥에 겨웠는지 갑자기 바지를 내리더니 친구 앞에서 엉덩이를 흔들었다고 한다. 어른이 급히 달려가 옷을 입히고 수습을 했지만 무척이나 당황스러운 일이었다. 일명 '짱구 춤'을 춘 것이다.

왜 이런 일이 일어났을까? 부모들이 어렸을 때는 집안에 식구가 많았고 밖에 나가면 친척과 이웃사촌, 또래 친구들이 많았다. 자연스럽게 사람을 대하는 법과 관계 맺는 법을 배울 수가 있었던 것이다.

하지만 요즘 아이들은 어떤가? 한 명이나 두 명의 자녀만 키우는 가정이 많아지면서 상대적으로 아이들은 사람들과 관계 맺을 기회가 현저하게 줄어들었다. 가정에서도 세대 간의 대화가 거의 사라져 아이들은 어른들에게 시의적절한 언행을 배우기 힘들어졌다.

대신 아이들은 텔레비전, 스마트폰 등의 미디어를 통해 세상을 접하고 있다. 가상현실을 그대로 받아들이는 것이다. 사람보다 스마트폰과 더 친한 아이들은 공동체 내에서 타인과 소통하고 공감하는 능력이 점점 떨어지게 된다. 이러한 현상은 아이의 정서 발달에 심각한 문제를 초래하고 소아정신과 치료를 받아야 하는 원인이 된다.

아이들에게는 무엇보다도 건강한 가정, 건강한 인간관계가 중요하다. '혼자만의 세계'에 빠져 사회성을 잃어가는 아이들의 마음을 열기 위해 우선 '가족 대화'를 시작해 보자. 아리스토텔레스의 《정치학》은 아이들에게 자신을 둘러싼 가정, 학교, 국가 등 공동체의 의미를 알려줄 수 있는 좋은 대화 소재가 된다. 《정치학》에 대해 질문하고 대화하는 시간을 통해 아이들은 자신 역시 한 공동체의 구성원이며, 구성원으로서 어떤 역할을 해야 하는지 깨닫게 될 것이다.

아리스토텔레스는 《정치학》에서 절제와 중용의 미덕을 이야기했다. 인간은 사회적 동물이므로 끊임없이 인간관계를 맺으면서 살아가게 되는데, 절제와 중용을 지킬 때 비로소 자신이 원하는 목적을 이룬 행복한 삶을 살 수 있다는 것이다.

《정치학》에 대해 이야기하기 전에 우선 아이들에게 "인간은 무엇을 위해 살까?" 혹은 "어떻게 하면 행복하게 살 수 있을까?"라는 인간의 본성에 대한 추상적인 질문을 던져 보자. 그럼 아이들은 흥미를 보이며 자신의 생각을 자유롭게 펼쳐놓을 것이다. 인간의 본성에 대해 깊게 생각한 아이들은 개인에서 사회, 국가까지 점차 사고의 범위를 확장시키게 된다.

/ 이 세상에서 혼자 행복하게 사는 것은 가능할까? /

아빠 주하야! 모든 만물에는 완벽한 상태, 이데아가 있다고 플라톤이 말했지?

주하 네! 현실에서 이루어지기 힘든 상상 속의 완벽한 모습 말이죠!

아빠 응, 그런데 이번에는 좀 더 현실적인 이야기를 해 보자!

주하 이번에는 현실에서 이루어질 수 있는 거예요?

아빠 그렇지! 플라톤의 제자 아리스토텔레스는 아주 현실적인 사람이었단다. 그래서 스승인 플라톤의 완벽하고 이상적인 인간상에 반기를 들었지!

주하 아리스토텔레스는 어떤 말을 했는데요?

아빠 아리스토텔레스는 《정치학》이라는 책에서 이데아가 있다고 말한 플라톤과는 달리, 만물에는 '목적'이 있다고 했단다.

주하 만물에는 목적이 있다고요? 무슨 목적이요?

아빠 목적! 각각의 목적 말이야! 이 컵의 목적은 무엇일까?

주하 물이나 주스 같은 것을 마시기 위해 컵이 필요하죠!

아빠 그럼 이 칼의 목적은 무엇일까?

주하 음식을 자르기 위해 필요하죠!

아빠 우리가 살고 있는 이 집은 어떤 목적이 있을까?

주하 사람이 살게 하는 거요!

아빠 좋아! 그럼 사람의 목적은 무엇일까? 사람은 무엇을 위해 살까?

주하 먹으려고요!

아빠 먹으려고? 무엇을 먹으려고?

주하 먹지 않으면 살 수가 없잖아요! 그러니까 자주 먹어야 해요!

아빠 그래. 사람의 목적은 먹는 것이구나! 먹기 위해 사는 거였어!

주하 음, 먹는 것보다 행복이 더 중요한 것 같아요. 사람은 행복해지기 위해 사는 거예요! 행복이 없으면 사는 게 의미가 없죠.

아빠 그것 참 좋은 대답이로구나! 사실 아리스토텔레스도 주하와 같은 말을 했어. 사람의 목적은 행복 추구에 있다고 말이야. 그럼 사람이 행복해지려면 무엇이 필요할까?

주하 사랑이요! 그리고 배려하고 양보하는 태도가 필요해요!

아빠 사랑, 배려, 양보가 이루어지려면, 무엇이 가장 먼저 필요할까?

주하 글쎄요. 그냥 그런 마음을 갖는 것?

아빠 사람이 행복해지기 위해서 가장 첫 번째로 필요한 것은 바로 '사람' 아닐까? 혼자서만 이 세상을 살고 있다면 사랑, 배려, 양보를 할 수가 없지. 이것들을 혼자 외롭게 할 수는 없잖아?

주하 그거야 당연하죠. 사랑하고 배려하고 양보할 사람이 있어야겠죠?

아빠 맞아! 사람 곁에 사람이 있어야 행복이라는 목적을 달성할 수 있단다. 누구도 혼자서 행복할 수는 없다는 뜻이야! 인간은 이렇게 공동체를 이루고 인간관계를 맺어야 행복할 수 있단다. 그렇기 때문에 아리스토텔레스는 '인간은 사회적 동물'이라고 정의했어.

주하 사회적 동물이요?

아빠 응. 사회적 동물! 인간은 사회를 이루며 살아간다는 뜻이지.

주하 아빠, 무리지어서 사는 동물들도 많이 있잖아요?

아빠 그렇지. 하지만 동물들은 소리나 몸짓으로 단순한 소통을 하는데 반해, 인간은 언어를 통해 복잡한 의사소통뿐만 아니라 옳고 그름을 판단할 수 있고 사회 전체를 통제할 수 있는 법까지 만들 수 있지.

주하 결국 인간과 동물의 차이점은 언어를 사용한다는 것이네요?

아빠 그렇지! 인간을 제외하고 언어를 사용하는 동물은 이 세상에 없지. 결국 사람 사이의 관계 맺음도 대부분 언어로 이루어진단다.

/ 내가 좋아하는 일만 하면 안 될까? /

아빠 주하야! 언어 말고 다른 의사소통 수단은 없을까?

주하 글쎄요. 표정?

아빠 그래. 표정이나 몸짓으로도 의사소통을 할 수 있지. 그런 것을 바로 '비언어적인 행동'이라고 하는데, 이것도 상당히 중요하단다.

주하 꼭 말로 표현하지 않아도 얼굴 표정을 보면 알 수 있어요. 동생이 저에게 화가 나면 발을 쿵쿵 구르거나 눈동자를 옆으로 돌려 째려봐요.

아빠 그래, 주하야. 사람의 마음은 꼭 말과 언어로만 표현되지 않고 표정이나 몸짓으로도 표현되기 때문에 이 부분에 항상 많은 신경을 써야 한단다.

주하 항상 좋은 마음을 가지고 있어야 할 것 같아요.

아빠 그럼 기분이 나빠지면 어떻게 할까? 막 사람을 때리거나 화를 내도 될까?

주하 음, 나의 감정을 표현하는 것도 중요하지만 때와 장소에 맞게 적절하게 행동해야겠죠? 안 그럼 다른 사람에게 피해를 주잖아요!

아빠 맞아. 우리는 다른 사람들과 함께 살아가는 사회적 동물이기 때문에 자신의 감정만을 추구하며 살 수는 없어. 항상 적절하게 행동해야 한단다. 이것을 바로 '중용'이라고 하지! 아리스토텔레스는 바로 이 중용을 중요하게 생각했어.

주하 중용이요?

아빠 그래, 중용. 쉽게 말해서 중간에 서는 거야. 부족하거나 넘치지 않는 상태!

주하 아빠, 저 '가운데 중' 한자로 쓸 수 있어요. 이렇게 써요! '中'.

아빠 아주 잘 썼네! '중용'의 중도 이 한자로 되어 있단다.

주하 그럼 중용을 잘 실천하기 위해서는 어떻게 해야 돼요?

아빠 모든 것에서 중용을 이야기할 수 있어. 우리가 음식을 먹을 때도 너무 많이 먹거나 적게 먹으면 건강이 나빠지겠지. 그래서 음식도 적당하게 먹을 것. 그리고 휴식이나 운동도 지나치면 몸과 마음에 독이 돼. 그래서 휴식이나 운동도 적절하게 할 것.

주하 휴식도 너무 많이 하면 안 돼요?

아빠 무엇이든지 지나치면 안 된단다. 노는 것도 너무 많이 놀면 안 돼!

주하 와! 공부도 너무 많이 하면 안 좋겠네요? 히히.

아빠 그래, 공부도 지나치게 많이 하면 뇌에 무리가 와서 정신이 이상해질 수도 있겠지? 그런데 그건 주하에게 해당이 안 되겠네. 무슨 말인지 알지?

주하 하하, 저는 노는 것만 잘 해서 탈이죠? 아빠, 근데 저는 제가 좋아하는 일만 하면서 살고 싶어요! 그리고 돈도 많았으면 좋겠어요. 원하는 것을 모두 살 수 있잖아요!

아빠 그렇다고 무조건 행복할까? 꼭 일상에서의 삶뿐만 아니라 모든 것에서 중용이 필요하단다. 돈도 적당하게 있어야 해. 너무 많거나 적어도 문제가 될 수 있어. 뿐만 아니라 용기와 절제, 배려, 양보도 너무 지나치면 안 돼.

주하 왜요? 모두 좋은 말이잖아요?

아빠 한번 생각해 보렴. 위험한 것을 알면서도 뛰어드는 것은 용기가 아니라 무모한 것이 아닐까? 또 반대로 모든 것을 두려워해서 아무 일도 하지 못하면 겁쟁이가 되지 않겠니?

주하 그러네요? 절제는요?

아빠 절제하지 못하고 하고 싶은 일들만 하고 살면 방탕한 사람이 되겠지? 반대로 지나치게 절제만 하는 사람도 삶의 기쁨을 누리지 못하겠지!

주하 그럼 배려나 양보는요?

아빠 이번에는 주하가 한번 생각해 보겠니? 배려나 양보가 지나치면 어떻게 될까?

주하 글쎄요. 다른 사람 중심으로 살면 오히려 스트레스를 많이 받을 수 있을 것 같아요.

아빠 배려나 양보가 부족하면 어떻게 될까?

주하 당연히 자기만 아는 사람이 되겠죠! 그럼 다른 사람들이 싫어해서 외톨이가 될 거예요.

아빠 그래! 아주 잘 대답했다. 중용의 미덕은 이렇게 모든 일상생활과 관련이 있단다. 어때? 아리스토텔레스는 정말 현실적이지 않니?

주하 네. 완벽한 세계를 이야기한 플라톤과는 완전히 다르게 생각했네요. 어떤 선택을 하든, 생활의 균형을 잃지 말아야겠어요!

아리스토텔레스

Aristoteles, BC 384~322

앞서 이야기한 플라톤은 소크라테스의 제자라고 했지? 아리스토텔레스는 플라톤의 제자란다. 하지만 아리스토텔레스는 스승 플라톤과는 다른 생각을 가지고 있었어. 이성을 중요시한 플라톤과는 달리 아리스토텔레스는 현실적인 경험, 감각을 중요시했지. 또 플라톤은 만물에는 모두 가장 완벽한 모습, '이데아'가 있다고 했지만, 아리스토텔레스는 모든 만물에게는 '목적'이 있다고 주장했어.

아리스토텔레스는 《정치학》에서 인간 존재의 목적을 '행복'이라고 말했단다. 그리고 이 목적을 추구하기 위해서는 공동체가 반드시 필요하다고 했어. 인간으로 태어난 이상 공동체를 벗어날 수 없다는 이야기지. 생각해보면, 우리 모두는 혼자서 이 세상을 살아갈 수가 없어. 인간관계에서 얻는 행복은 어마어마하지 않니? 가족, 친구가 반드시 필요한 것처럼 말이야.

아리스토텔레스의 주장에 따르면 처음에 인간은 가족 단위로 모여 살다가 독립하게 되고, 또 다른 공동체를 형성하여 나중에는 국가를 이룬다고 해. 인간이 공동체를 만들려고 하는 것은 인간의 본성이라는 말이야. 이런 본성을 갖고 있기 때문에 '인간은 사회적 동물'이라는 거지.

하지만 아리스토텔레스의 철학에도 한계는 있었어. 아리스토텔레스는 신분에 따라 태어난 목적이 있다고 생각했단다. 주인은 주인대로, 노예는 노예대로 말이야. 각 계급에 맞는 목적대로 최선의 역할을 다할 때 국가라는 공동체의 힘이 강해진다는 것이지. 하지만 이러한 그의 주장은 현대 사회에서는 받아들여지기 힘들겠지? 지금은 신분 사회가 아닌 모든 인간이 평등한 사회잖아. 아쉽게도 아리스토텔레스의 철학은 노예 계급과 같은 신분제를 뛰어넘지 못했다는 평가를 받기도 한단다.

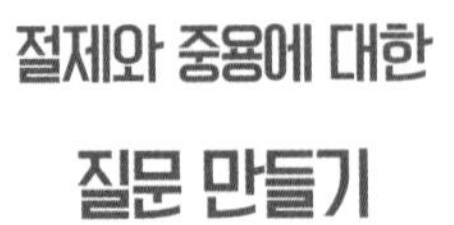

절제와 중용에 대한

질문 만들기

- 중용을 잘 실천하기 위해서는 어떻게 해야 될까?
- 배려와 양보는 많이 할수록 좋은 것 아닌가?
-
-
-
-
-
-
-
-
-

이익과 도덕 사이에서 갈등할 때 지혜를 주는 키케로 이야기

/ 이익을 좇을 것인가, 도덕을 지킬 것인가? /

돈, 성공 등을 거머쥐기 위해 수단과 방법을 가리지 않는 어른들이 많다. 하지만 아이들 역시도 '손해 보면 안 된다.'는 생각에 도덕을 지키기보다는 자신이 얻을 이익만을 생각할 때가 종종 있다.

아이에게 도덕적 선의 중요성을 알려주는 고전으로 키케로의 《의무론》을 들 수 있다. 키케로는 고대 로마의 유능한 정치가, 변론가, 철학자였다. 당시 최고의 연설가이기도 했던 그는 재능뿐만 아니라 인품으로도 사람들의 존경을 한 몸에 받았다. 도덕적 선을 반드시 행해야 한다는 내용의 《의무론》을 쓴 것만 봐도 키케로의 인격을 한 눈에 짐작할 수 있다.

키케로는 《의무론》을 통해 인간은 도덕적으로 선한 것을 실천할 때만

이 인생에 유익함을 얻을 수 있다고 주장했다. 도덕과 눈앞의 이익 사이에서 갈등할 때 반드시 도덕을 선택해야 긍정적인 결과를 얻는다는 것이다. 그는 도덕을 지킬 때 당장 손해를 볼지라도 결코 현실과 타협해서는 안 된다고 주장했다.

정직한 사람이 바보로 취급 받는 요즘, 아이들과 함께 키케로의 《의무론》에 대해 토론하며 도덕을 지킨다는 것은 어떤 의미인지 이야기를 나눠 보자. 그럼 아이들은 당장의 이익만을 좇는 속물적 삶보다 도덕을 지키는 정직한 삶이 더 가치 있다는 진리를 깨닫게 될 것이다.

/ 계산적인 사람, 도덕적인 사람 중 누가 더 유리할까? /

언젠가 혼자 집 근처 칼국수 집에 간 적이 있다. 마침 그 집 앞에는 사람들이 길게 줄을 서 있었다. 나는 맨 뒤에 서서 차례를 기다렸다. 곧 내 차례가 되어 가게에 들어가려고 하는데, 갑자기 식당 주인이 내 앞을 가로막고 말했다.

"한 명은 안 됩니다!"

나는 기다리던 시간도 아깝고 배도 너무 고파서 주인에게 부탁했다.

"제가 여기서 지금까지 줄을 서 있었고, 배도 너무 고픈데 들어가게 해 주시면 안 되겠습니까?"

하지만 칼국수 집 주인은 고개를 저었다.

"우리가 점심 때 잠깐 장사를 하는데, 혼자 오신 손님들을 받으면 자리도 부족해지고, 그만큼 손해를 입습니다. 나중에 다른 사람들과 오세요."

나는 이 이야기를 딸 주하에게 들려주고 한 가지 질문을 던졌다.

아빠 주하야, 배고픈 아빠를 거절하는 식당 사장님이 야박한 거니? 아니면, 바쁜 점심시간에 혼자 밥을 먹으러 간 아빠가 예의에 어긋난 거니?

주하 아빠, 당연히 그 사장님이 나쁘죠! 식당은 배고픈 사람에게 음식을 팔기 위해 있는 곳인데, 아빠에게 음식을 팔지 않았잖아요.

아빠 그런데 아빠가 혼자 밥을 먹으면 두 사람이 왔을 때보다 장사를 더 못하게 되어 주인이 손해를 보잖아.

주하 혹시 가게 앞에 1인분은 안 된다고 써 붙여 있던가요?

아빠 그런 말은 없었단다.

주하 그렇다면 칼국수집 사장님에게도 문제가 있어요! 무작정 손님을 기다리게 했으니까요.

아빠 주하가 칼국수집 사장님이었다면 어떻게 했겠니?

주하 저라면 아빠 뒤에 있던 손님들에게 양해를 구하고, 그 손님들과 아빠가 같은 테이블에서 식사를 할 수 있게 했을 거예요. 그럼 자리도 안 모자라고 아빠도 밥을 먹을 수 있죠?

아빠 그렇지, 바로 그거야! 그렇게 하면 아빠도 밥을 먹게 되고 나중에 주인의 배려에 고마움을 느껴 다시 또 그 식당에 가겠지! 그런데 식당 사장님은 그렇게 하지 않았어.

주하 그러니까요! 식당 사장님이 나빴어요.

아빠 근데 주하야, 사장님의 마음은 이해가 되니?

주하 이해는 되지만 그렇게 하면 안 될 것 같아요. 결과적으로 사장님이 손해를 본 거예요.

아빠 왜 사장님이 손해를 본 거지?

주하 사장님이 야박하게 거절했으니 아빠는 화가 나서 다시는 그 식당에 가지 않겠죠? 그리고 주변 사람들에게도 그 식당에 대해 좋지 않은 소문을 낼 수 있어요. 그렇다면 그 사장님한테는 결과적으로 손해죠!

아빠 주하야, 칼국수집 사장님처럼 인간은 누구나 도덕적 선과 이익 사이에서 갈등을 할 때가 많단다. 로마의 철학자 키케로란 사람은 이 부분에 대해서 깊은 고민을 했어. 그는 《의무론》이란 책에서 "인간에게는 일종의 의무가 있는데 도덕적으로 선한 일과 사람에게 이익이 되는 일을 하는 것"이라고 말했지.

주하 근데 아빠, 어떻게 항상 도덕적인 일만 해요? 내 이익도 챙겨야죠.

아빠 그래. 간혹 도덕과 이익이 서로 충돌할 때 사람들은 갈등하게 돼. 눈앞의 이익을 얻기 위해 도덕을 쉽게 어기게 되지. 예를 들어 볼까?

주하 과자가 있었는데, 나만 먹고 싶어서 동생, 친구에게는 과자를 나누어 주지 않았어요. 저만 먹었어요.

아빠 그럼 주하에게 어떤 일이 일어날까?

주하 나중에 친구와 동생도 저에게 과자를 나누어 주지 않겠죠?

아빠 주하는 결국 손해를 본 거네? 키케로는 바로 그 점을 이야기한 거야. 도덕적으로 선한 것과 이익 사이에서 갈등할 때, 반드시 도덕적으로 선한 것을 선택하라고 말이야. "콩 한 쪽도 나눠 먹는다."는 속담이 있지? 그렇게 했을 때 가족, 이웃 간의 우애와 사랑이 싹튼다는 말이야.

주하 네, 아빠 그런데 그게 잘 안 돼요.

아빠 그래, 주하야. 누구나 이익 앞에서 그런 결정을 내리기는 힘들지. 그런데 여기서 중요한 것은 도덕적 선을 선택하는 것이 결과적으로 우리에게 유익하다는 거야.

주하 그럼 아빠는 도덕을 선택했어요?

아빠 아빠는 순간 화가 났지만, 도덕이 더 중요하다는 키케로의 《의무론》을 떠올렸어. 아빠는 식당 사장님께 이렇게 말했단다. "사장님,

그렇다면 제가 뒤에 계신 손님 두 분에게 합석해서 밥을 먹자고 제안하는 것은 어떻습니까?"라고 말이야. 그랬더니 식당 사장님이 "그럼 그렇게 해 보세요."라고 말씀하시더구나.

주하 그래서 어떻게 됐어요?

아빠 아빠는 뒤에 서 있던 손님들에게 "선생님, 제가 지금 급히 식사를 해야 하는데, 이 식당에 1인분은 팔지 않는다고 해요. 제가 조용히 식사를 하고 일어날 테니 같은 자리에서 식사를 해도 되겠습니까?"라고 말이야. 자, 이 두 손님들이 뭐라고 말했을까?

주하 음, 아빠가 정중하게 물어보았으니 흔쾌히 그러자고 했을 것 같아요.

아빠 맞아! 두 손님은 합석을 허락해 주었어. 아빠는 맛있게 밥을 먹을 수 있었단다.

주하 아빠 정말 대단해요. 저 같으면 사장님께 화를 내고 다시는 그 식당에 가지 않았을 거예요.

아빠 주하야, 살다보면 이렇게 도덕과 이익 사이의 문제에 부딪힐 때가 있단다. 그런데 도덕을 중요시하면 어떤 문제도 지혜롭게 해결할 수 있단다.

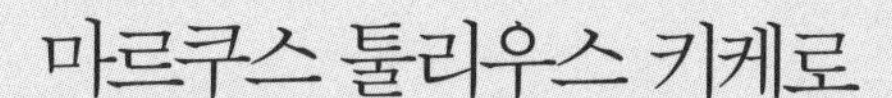

마르쿠스 툴리우스 키케로

Marcus Tullius Cicero, BC 106~43

고대 로마의 유능한 정치가, 변론가, 철학자인 키케로는 BC 106년, 로마의 남동쪽 아르피눔에서 태어났어. 당시 로마도 정치적인 문제 때문에 아주 혼란스러웠단다. 율리우스 시저라는 장군이 강력한 집정관이 되어 군사력으로 모든 권력을 독점하는 독재 정치를 펼쳤단다. 키케로는 시저의 정책을 반대하는 입장이었어. 그는 1인 독재보다는 여러 사람들이 권력을 나눠 갖고 서로 견제해야 건강한 사회를 만들 수 있다고 생각했지.

키케로는 독재 권력의 위험성을 너무나 잘 알고 있었어. 절대 권력은 반드시 부패한다는 역사적 교훈 때문이야. 키케로는 시저의 막강한 독재 권력은 시저 자신뿐만 아니라 로마에도 큰 악영향을 미칠 것임을 짐작했어. 실제로 시저는 자신이 가장 아끼던 부하 브루투스 장군에게 암살을 당하고 말았지. 브루투스 역시 시저의 독재 정치 때문에 로마가 몰락하고 있다고 생각했거든.

《의무론》은 이런 혼란스러운 시대적 배경을 바탕으로 쓴 책이다. 키케로는 《의무론》에서 "전쟁을 통해 이기고 정복하는 것보다 도덕적 선을 통해 설득하고 굴복하는 것이 더 훌륭한 용기"라고 지적했다. 아이들은 이러한 키케로의 철학을 공부하며 어렵고 힘든 사람들을 위해 자선과 관용을 베풀고 도덕적 선을 지키는 것이 진정한 용기이며 행복이라는 것을 깨닫게 된다.

〈아르키메데스의 무덤을 발견한 키케로〉
(벤자민 웨스트, 1805년 작)

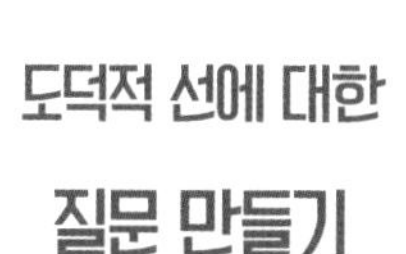

도덕적 선에 대한

질문 만들기

- 식당 주인이 선택할 수 있는 도덕적 선은 무엇인가?
- 식당 주인이 도덕적 선을 선택하지 못하는 이유는 무엇일까?
- 도덕적 선과 이익이 충돌할 때 왜 도덕적 선을 선택해야 하는가?
- 우리가 쉽게 도덕적 선을 선택하지 못하는 이유는 무엇일까?
-
-
-
-
-
-
-
-

순수하고 정의로운 마음을 길러 주는 칸트 이야기

/ 손해를 보는데도 착한 마음을 잃지 않을 수 있을까? /

아빠 주하야, 그런데 만일 칼국수 집의 주인이 이렇게 생각했다면 어떨까?

주하 어떻게요?

아빠 돈을 많이 벌기 위해서 일부러 선한 행동을 선택하는 거야! 다시 말해 도덕적으로 선한 일을 하는 이유는 결과적으로 물질적인 이익을 얻기 위해서지!

주하 그래도 배고픈 사람을 위해 칼국수를 팔았잖아요. 그것은 그렇지 않은 주인보다 더 괜찮지 않아요?

아빠 그렇지! 그런데 만약에 주인의 계획대로 그 손님이 주변 사람들에게 맛있고 친절하다고 소문을 내지 않거나, 생각보다 장사가 잘 되지 않는다면 어떻게 될까?

주하 뭔가 자기 뜻대로 이익이 나지 않으니 실망할 것 같아요!

아빠 맞아, 주하야! 원래의 목적이 자신의 이익을 위한 것이었으니까, 목적이 달성되지 않으면 사람의 마음이 변할 수 있겠지. 그러니까 처음에는 친절했어도, 어느 순간부터는 손님에게 불친절하게 대할 가능성이 충분하지!

주하 아! 그래요?

아무리 도덕적 선을 택했다 하더라도 어느 순간 개인의 이익에 부합하지 않으면 태도가 바뀔 수 있다. 독일의 철학자 칸트는 《순수이성비판》이라는 책을 통해 순수한 동기를 가지고 도덕적 선을 선택해야 한다고 주장했다. 동기가 불순한 도덕적 행동은 모두 위선적이며 용납되어서는 안 된다는 것이다. 칸트의 철학을 공부한 아이는 자발적으로 도덕적이고 정의로운 생각을 하게 되고 그에 어울리는 행동을 하게 될 것이다.

/ 어떻게 순수하고 도덕적인 마음을 지킬 수 있을까? /

아빠 만약 임마누엘 칸트라면 이런 불순한 동기에 대해 충분히 문제를 제기했을 거야!

주하 와! 그렇다면 진짜 우리의 마음 자체가 순수해야 한다는 말이네요!

아빠 그렇지. 반드시 그런 마음을 먹어야지만 결과적으로 유익하다는 것이지. 어때 기가 막히지?

주하 네! 아빠!

아빠 칸트는 독일의 유명한 철학자야. 《순수이성비판》이라는 책에서 동기가 불순한 도덕적 선은 용납될 수 없다고 말했어. 그가 제시한 도덕 원칙 중에서 정언명령과 가언명령이라는 것이 있단다.

주하 그게 뭐예요?

아빠 잘 들어봐! 정말 쉬운 거야! 예를 들어 어떤 가정, 또는 조건이 붙은 것을 가언명령이라고 해. 그런 가정이나 조건이 없는 것을 정언명령이라고 하지.

주하 예를 들어 다시 설명해 주세요. 잘 이해가 안 가요.

아빠 그러니까 말이지. 만약에 친구에게 뭔가를 얻으려거든 친구에게 먼저 주어라! 이런 거지.

주하 좋은 말 아니에요?

아빠 얼핏 보면 좋은 말 같지? 하지만 이 사람은 뭔가를 얻어내기 위해 자기 자신에게 의식적으로 "남에게 베풀어라!" 하고 명령을 내린 거야. 만약에 나중에 친구에게서 뭔가를 얻어내지 못한 경우 크게 좌절할 수도 있지!

주하 아! 알겠어요. 그러니까 우리가 스스로에게 내리는 명령 자체도 동기가 순수해야 한다는 뜻이네요!

아빠 빙고! 순수한 동기에서 출발해야 모든 관계가 원만하게 돌아간다는 뜻이야! 그래서 칸트는 인간을 수단으로 삼지 말고 인간 자체를 목적으로 삼아야 한다고 말했어. 수단으로 여긴다면, 인간은 단순히 이용 가능한 대상 밖에 안 되는 거야!

주하 그런데 인간 자체를 목적으로 삼아야 한다는 말이 이해가 안 가요!

아빠 그래, 그럴 수 있겠구나. 그럼 인간을 자기 이익을 위한 수단으로 삼지 말아야 한다는 말은 이해 가니?

주하 네. 그 말은 확실히 이해가 가요. 근데 인간 자체를 목적으로 삼는다는 말이 뭘까요?

아빠 인간 자체가 목적이라는 말은 인간 자체를 존엄하게 대한다는 뜻이야. 사람을 존중하라는 것이지.

주하 네. 이제 잘 알겠어요.

아빠 이런 방식으로 칸트는 '판단력비판', '실천이성비판'을 이야기했는데 마찬가지로 순수한 동기로 판단하고 실천하라는 내용을 담고 있어.

주하 아빠, 철학이란 게 그렇게 어렵지 않네요! 결국 일상생활 속에 일어날 수 있는 삶의 고민이에요.

아빠 맞아. 위대한 철학자들도 결국 삶의 고민을 가지고 깊게 탐구하고 토론한 거란다. 또 다른 이야기는 다음 시간에 해 보자!

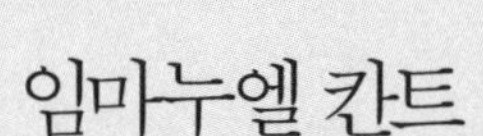

임마누엘 칸트

Immanuel Kant, 1724~1804

1724년 동 프로이센의 수도 쾨니히스베르크에서 태어난 임마누엘 칸트는 전통적인 철학을 비판하고 근대 철학을 발전시켰어. 그는 마구馬具용품 제조업자인 아버지와 신앙심 많은 어머니 밑에서 어린 시절을 보냈단다. 또 경건주의 기독교 학교에서 8년 이상 라틴어, 교양교육을 철저하게 받았지. 칸트의 고향 쾨니히스베르크는 종교적으로 경건주의 기독교가 득세했지만 학문적으로는 자유로운 도시였어. 그래서 칸트는 자신이 하고 싶은 철학 공부를 마음껏 할 수 있었지. 그는 결혼도 하지 않고 평생 동안 고향에만 머무른 철학자로 유명해.

칸트는 계몽철학자 장 자크 루소와 경험주의 철학자 흄의 영향을 많이 받았단다. 그는 루소의 인간 존엄 사상을 받아들이고, 흄의 영향으로 경험을 통하여 능동적으로 생각하는 인간에 대해 깊게 탐구하게 되었지.

칸트는 경험을 통해 인간은 자발적이고 능동적으로 생각할 수 있다고 주장했어. 도덕적인 사고와 행동 역시도 인간의 능동적 사고로 통제할 수 있다는 말이야. 따라서 그의 철학에 따르면 순수한 동기를 바탕으로 한 행동만이 도덕적이고 정의로운 행동이라고 말할 수 있지.

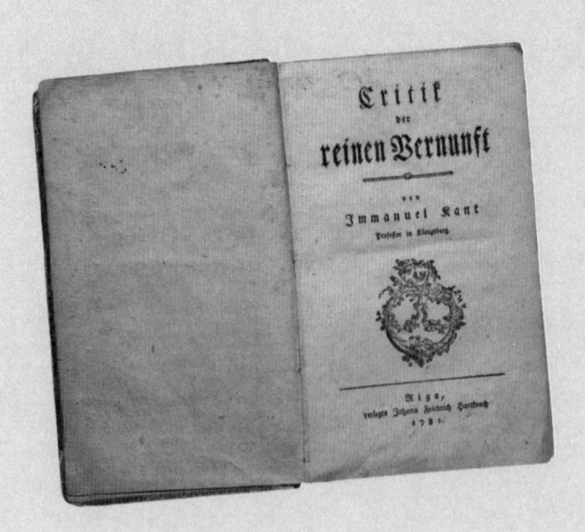
Critik der reinen Vernunft von Immanuel Kant Professor in Königsberg. Riga, verlegts Johann Friedrich Hartknoch 1781.

1781년 첫 출간된 《순수이성비판(Kritik der reinen Vernunft)》 첫 페이지

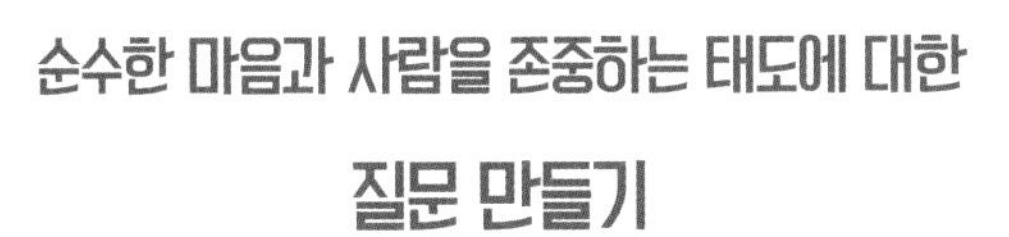

순수한 마음과 사람을 존중하는 태도에 대한

질문 만들기

- 어떻게 순수한 마음을 가질 수 있을까?
- 왜 우리는 사람을 수단으로 생각하면 안 될까?
- 사람을 존중하지 않고 수단으로 생각하면 어떤 해를 입게 될까?
-
-
-
-
-
-
-
-
-

아이가 세상을 보는 시야를 넓혀 주는 헤겔 이야기

/ 우물 안 개구리는 이제 그만! /

지금은 사람의 개성과 다양성보다 경쟁이 중요시되는 초경쟁시대라고 할 수 있다. 치열한 경쟁은 인간의 자유를 억압했음은 물론, 우리 아이들의 소중한 경험과 사고도 축소시켜 버렸다. 또한 아이들은 입시 시험, 학원, 과외 수업 등에 시달리느라 자기 자신 외의 세계가 어떻게 돌아가는지 잘 알지 못한다. 공부만 잘 하고 세상 물정에는 어두운 아이로 자라고 있는 것이다.

부모들은 자녀들을 세계를 바라보는 넓은 시야와 통찰력을 가진 인재로 키우기 위해 헤겔의 철학 이야기를 들려주면 좋다. 헤겔의 이야기를 통해 아이들은 자신을 둘러싼 세상, 즉 역사, 국가 등에 대해 깊게 탐구할 수 있다.

나 역시 아이에게 헤겔의 저서 《정신현상학》 이야기를 들려주며 개인의 발전 단계를 국가, 민족의 발전 단계와 비교해 보고 아이와 함께 시대정신을 생각해 보았다. 나와 아이가 나눈 대화를 참고로 하여 아이의 시야를 넓힐 수 있는 이야기 소재를 얻기를 바란다.

/ 개성을 존중하는 사회 VS 경쟁하는 사회 /

아빠 아빠가 어제 칸트의 철학 이야기를 통해 인간을 수단이 아니라 목적으로 대해야 하고, 행동할 때 동기 자체도 순수해야 한다고 했지?

주하 네. 그런데 동기 자체를 순수하게 품기는 참 어려운 것 같아요. 사람을 대할 때 경우에 따라 거짓말을 할 수도 있고, 자기 이익을 보호하기 위해서 진실을 이야기하지 않을 때도 있어요.

아빠 그래. 맞아. 칸트의 주장대로라면 아무리 선한 거짓말도 용납이 되지 않지!

주하 칸트는 좀 어떤 면에서 답답한 사람인 것 같아요. 융통성이 없어요!

아빠 그런 비판을 받을 수도 있지? 순수한 이성이 있다고 쳐도, 그것을 따라 산다는 것은 어쩌면 피곤한 인생일 수도 있겠구나.

그런데 주하야, 이런 순수한 이성이 개인의 차원을 넘어 민족에게도 있단다. 그게 '절대 정신'이야. 독일의 철학자 헤겔이 《정신현상학》이라는 책을 통해 주장했어.

주하 아빠, 절대정신이 뭐예요?

아빠 헤겔은 개인에게도 순수한 이성이 있듯이 국가나 역사도 어떤 정신에 의해서 좌우된다고 생각했어.

주하 그럼 국가도 하나의 개인처럼 생각한 거네요?

아빠 그렇지. 하나의 민족과 국가의 단위도 개인과 같이 인격체로 보고 그 민족과 국가를 이끌어 가는 정신 곧 절대정신이 있다고 보았지.

주하 아빠, 그런데 절대정신이 있으면 뭐가 좋아요?

아빠 오우. 참 좋은 질문이다. 절대정신이 있으면 뭐가 좋을까? 그러니까 헤겔은 역사를 움직이는 힘은 어느 한 개인의 이기심이나 욕심에 따라 움직이는 것이 아니라 발전된 방향으로 가려고 하는 민족 자체의 정신이 있다고 보았지.

주하 예를 들면 뭐예요?

아빠 헤겔은 절대정신으로 가장 중요한 것이 이성과 자유라고 했어. 인류 사회는 이런 자유를 향한 이성의 과정으로 이루어져 있다고 본 거야.

주하 아빠. 이해가 잘 안 가요. 좀 알기 쉽게 설명해 주세요.

아빠 말하자면 헤겔은 역사의 발전단계를 동양 세계, 그리스 세계, 로마 세계, 게르만 세계로 나누고 가장 첫 번째로 동양의 세계를 자유와 이성이 억압된 어린 아이의 세계라고 봤지. 그리고 그리스의 세계를 청년기, 로마의 세계를 성년기로 보고, 이 시기에 자유와 이성이 조금씩 발달하게 되었다고 생각했어. 유럽에서 종교개혁이 일어나자 게르만 세계에는 비로소 자유와 이성이 완전한 단계에 이르렀다고 본 거야.

주하 게르만 세계는 뭐예요?

아빠 헤겔이 태어난 독일, 프랑스 등 중부 유럽에 자리 잡은 나라들로 이루어져 있어. 헤겔은 결국 자기가 태어난 나라와 시대를 이성과 자유의 완성된 세계라고 본 거야. 각각의 역사에는 자유와 이성을 향한 절대정신이 있다고 생각했지. 쉽게 말하자면 '시대정신' 같은 거야.

주하 그럼 아빠, 이 시대의 정신은 뭐예요?

아빠 이 시대의 정신은 뭘까? 지금 우리가 살아가는 이 시대를 뭐라고 말할 수 있을까? 아빠가 몇 가지 해답을 줄 테니 알아맞혀 볼래?

주하 네, 아빠.

아빠 우리는 지금 돈과 물질이 사람보다 우선시 되는 황금만능주의

환경 속에 살고 있어. 돈과 물질에 의해 인간의 자유가 억압을 받고 있지. 이런 황금만능주의가 시대정신이 되어야 할까?

주하 아니요. 그것은 아닌 것 같아요. 어떻게 사람보다 돈이 중요한 것이 시대정신이 될 수 있겠어요?

아빠 이 시대는 정직보다 거짓을 일삼는 위선적인 시대에 살고 있다. 거짓이 우리의 이성을 억압하고 있는 꼴이지. 그러면 위선이 시대정신이 되어야 할까?

주하 아니요. 반대로 거짓보다 정직이 중요한 시대가 되어야 해요.

아빠 그래, 주하 말이 맞다! 이 시대는 사람의 개성과 다양성보다 경쟁이 중요시되는 초경쟁 시대가 되었단다. 경쟁 구조가 인간의 자유를 억압하고 있는 셈이지. 그럼 경쟁 자체가 시대정신이 될 수 있을까?

주하 그것도 아닌 것 같아요. 경쟁만 하다가는 너무 불행해질 것 같아요. 오히려 개성과 다양한 생각을 인정해줬으면 좋겠어요.

아빠 그래, 주하야. 이렇게 몇 가지를 종합해 보면 지금 우리에게는 물질보다는 인간이 우선시 하는 시대, 거짓보다 정직이 중요한 시대, 경쟁보다 다양성을 중요시하는 시대가 절대적으로 필요해. 그렇지?

주하 네. 그런 시대를 만들 수 있도록 저도 노력해야겠어요!

아빠 와우, 주하가 정말 멋진 생각을 했구나!

주하 아빠, 나 잘 했죠?

아빠 그래! 하지만 너무 교만해지면 안 된단다! 이 시대에는 겸손한 사람이 꼭 필요해.

게오르크 빌헬름 프리드리히 헤겔

Georg Wilhelm Friedrich Hegel, 1770~1831

헤겔은 1770년 독일의 슈투트가르트에서 태어나 튀빙겐 대학에서 신학을 공부하고 졸업 후 7년 동안 베른과 프랑크푸르트에서 가정교사로 일했어. 그리고 예나대학으로 옮겨가 강사로 활동했단다.

헤겔은 《기독교의 정신과 그 운명》란 논문에서 도덕적 이성이 철학의 실제가 아니며 세계를 지배하는 원리는 다름 아닌 사랑이라고 말했어. 여기서 헤겔은 훗날 역사 속에서 '정신'이라고 부를 수 있는 개념을 도출하게 된단다.

《정신현상학》이라는 책에서 헤겔은 역사를 지배하는 절대 정신이 존재한다고 보았어. 이 책을 집필할 때 나폴레옹이 이끄는 프랑스 군대가 독일의 예나라는 지방에 도착했는데, 헤겔은 그 광경을 책에 이렇게 기록했지.

"나는 말을 탄 세계정신(나폴레옹)이 자신의 군대를 점검하면서

도시를 통과하는 것을 보았다. 실제로 그 위대한 존재를 보는 것은 정말 놀라운 경험이었다. 그 존재는 말을 탄 채로 한 점을 응시하면서 세계를 장악하고 지배하고 있다."

이렇듯 헤겔은 역사 자체를 절대정신의 현상으로 보았어. 그리고 역사를 이성과 자유의 발전과정으로 해석했지. 헤겔의 철학을 통해 우리는 우리 자신의 발전 단계를 국가와 민족의 발전 단계로까지 확장해서 생각할 수 있단다. 우리가 무심코 살아가는 오늘이, 그리고 오늘 내가 한 생각이 국가의 역사를 이루는 한 부분이 될 수 있다는 점을 알고 올바른 시대정신을 가져야 해.

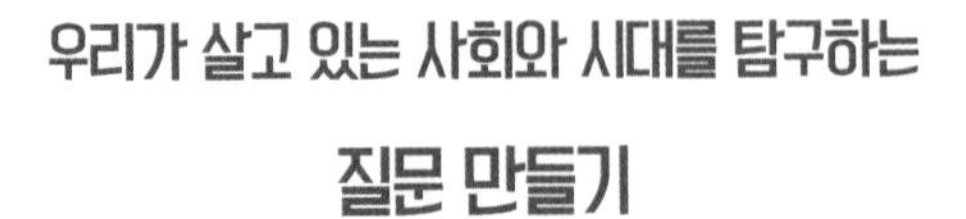

우리가 살고 있는 사회와 시대를 탐구하는

질문 만들기

- 개인의 발전이 어떻게 사회의 발전으로 이루어질 수 있을까?
- 사회가 발전하면 개인에게 어떤 이익이 생길까?
- 경쟁이 심한 사회의 문제점은 무엇일까?
- 황금만능주의 사회 속에서 행복하게 살기 위해서는 어떻게 해야 할까?
-
-
-
-
-
-
-
-

3장

긍정적 자존감을 높이는 하브루타 독서

Havruta Reading

남의 아픔에 공감하는 마음을 길러 주는 마키아벨리 이야기

/ 남의 아픔에 공감하지 못하는 사람이 리더가 된다면? /

요즘 뉴스나 신문을 통해 가정폭력에 대한 기사를 자주 볼 수 있다. 놀랍게도 아이에게 상습적으로 폭력을 휘두른 부모의 어린 시절을 살펴 보면, 그 부모 역시 조부모에게 자주 폭행을 당하며 살아왔던 것을 알 수 있다. 이런 사건들을 보면 폭력은 폭력을 낳는다는 말이 정말 맞는 것 같다.

아이를 혼내고 때린다고 해서 아이가 부모 말을 잘 들을까? 오히려 아이는 부모를 미워하고 증오하게 될 것이다. 그리고 세상 모든 이치를 폭력으로 해결하려고 할 것이다.

모두가 행복해지려면 폭력을 근절하고 평화를 사랑하는 사회를 이룩해야 한다. 그러기 위해서는 가정에서부터 폭력이 미치는 영향에 대해 아이들과 토론이 이루어져야 한다. 마키아벨리의 《군주론》은 아이들에게 '비도덕적이고 폭력적인 리더'에 대해 이야기할 수 있는 좋은 고전이다. 《군주론》에서는 강력한 리더가 되기 위해서는 부도덕도 미덕이 될 수 있다고 말한다. 마키아벨리는 인심이 후한 리더보다는 인색한 리더가 되어야 하고, 리더는 국민들에게 사랑받는 존재보다는 두려움의 대상이 되어야 한다고 주장했다. 또한 국민들 앞에서 리더는 자비로운 척, 성실한 척 연기를 해야 한다고 말했다. 비도덕적인 사람이어도 적을 물리치고 국가를 부유하게 만든다면 모든 것이 용서될 수 있다고 생각한 것이다.

아이들은 이러한 마키아벨리의 《군주론》 이야기를 듣고 매우 놀라워할 것이다. 지금까지 이야기한 다른 철학자들과는 전혀 다른 생각을 펼치고 있기 때문이다. 인간은 악한 본성을 가지고 태어난다고 말한 마키아벨리의 철학에 대해 아이들의 의견을 들어 보고, 이 시대 가장 필요한 '도덕적이고 남의 아픔에 공감하는 리더십'에 대해 이야기를 나누어 보도록 하자.

/ 말로 해결할 수 있는데 왜 폭력으로 해결하려고 할까? /

? 주하 아빠, 내 친구는 집에서 아빠가 정말 무서운가 봐요. 아빠한테 자주 매를 맞는 것 같았어요.

아빠 참 딱하구나. 주하야, 아직도 우리 주변에는 가정 폭력에 시달리는 아이들이 많이 있단다. 가정 폭력의 주범이 대부분 부모라는 통계도 있고.

주하 그런데 아빠, 자녀를 낳았으면 예뻐해 주고 사랑하기도 바쁜데 왜 자녀를 때릴까요?

아빠 글쎄다. 아빠가 자신의 화를 못 참고 때릴 수도 있겠지. 말 안 듣는 자녀를 가르치기 위해 매를 들었을 수도 있고.

주하 그래도 폭력은 정말 안 좋은 것 같아요. 일단 매를 맞았을 때는 말을 잘 듣겠지만 마음속에는 아빠에 대한 분노로 가득 찰 거예요.

아빠 그래, 그 말이 맞다. 주하야, 그런 아빠들을 보면 꼭 마키아벨리의 《군주론》에 나온 폭군 같이 느껴지는구나.

주하 저도 그 책 읽어본 적 있어요. 그런데 너무 무시무시한 책 같아요. 국민을 휘어잡기 위해 수단과 방법을 가리지 않고 폭력과 살인을 일삼는 왕이잖아요.

아빠 그래, 잘 보았다. 주하야, 그런데 마키아벨리가 처음부터 그런 책을 썼던 것은 아니었어.

주하 그럼 처음에는 어떤 책을 썼는데요?

아빠 처음에는 《로마사 논고》라는 책을 썼어. 이 책에는 고대 로마 제국의 훌륭한 황제들이 덕으로 나라를 다스린 이야기들이 많이 담겨 있지. 그런데 그 책이 인기가 아주 없었던 모양이야.

주하 왜요? 그런 책이라면 잘 팔렸을 것 같은데요.

아빠 당시 이탈리아의 시대 상황을 알면 쉽게 이해할 수 있을 것 같구나. 당시 이탈리아는 로마 제국의 위대한 유산을 물려받았음에도 불구하고 나라 안에서 여러 집단들이 세력 싸움을 하느라 정신이 없었어. 게다가 외세의 침략으로 인해 여러 개의 작은 나라들로 나뉘어 있었단다. 우선 중앙에는 로마 교황령이 있었고 남쪽에는 나폴리왕국, 위쪽에는 밀라노공국, 베네치아공화국, 피렌체공화국 등으로 분열되어 대립하고 있었지. 또한 주변 프랑스나 스페인 같은 강대국에게 무시당하고 있었던 때라 고대 로마 황제들의 이야기가 재미있게 느껴지지 않았나봐.

주하 우리나라가 둘로 나뉜 것처럼, 이탈리아는 여러 나라로 나뉘어 서로 치고 박고 싸운 거네요?

아빠 그렇지. 그런 시기를 '격동의 시대'라고 하지. 마치 비행기를 타고 가다가 난기류를 만나는 때와 같아. 나라 전체가 어수선하고 흔들리는 시기였던 거야. 이렇게 어려운 시기에 마키아벨리는 피렌체공화국의 외교관으로 일하고 있었는데, 그는 프랑스나 스페인을 여행하면서 약소국의 한계를 절감하게 되었지. 그래서 절대군주가 나타나서 나라를 통일해 주기를 바랐어.

주하 그러니까 나라가 어지럽고 혼란스러울 때는 힘이 센 왕이 나타나서 무섭게 다스려야 한다고 생각한 거죠? 그렇지만 권력을 지키기 위해 수단과 방법을 가리지 않으면 안 되는 거잖아요? 마키아벨리의 《군주론》에는 그렇게 쓰여 있어요.

아빠 좋은 질문이다. 마키아벨리는 인간의 본성 자체가 악한 이기심과 탐욕으로 가득 차 있기 때문에 그런 인간을 다스리기 위해서는 여우의 꾀(권모술수)와 사자의 힘(폭력)을 사용하는 절대 군주가 필요하다고 했지. 그래서 당시 마키아벨리의 《군주론》은 악마의 책이라고 불리게 되었고 국민들이 읽어서는 안 되는 '금서'로 지정이 된 적도 있었단다.

주하 맞아요. 그런 책을 읽지 않는 게 좋아요. 아이들도 못 읽게 해야 해요. 그런데 그 책이 왜 이렇게 유명해요?

아빠 오호, 참 좋은 지적이구나. 마키아벨리의 《군주론》이 그나마 좋게 평가되는 이유가 하나 있지.

주하 뭔데요?

아빠 그것은 말이다. 《군주론》이 당시 국민들은 모르고 있었던 왕의 못된 행동들을 철저하게 고발했다는 점이야. 국민들은 《군주론》을 읽고 나서 비로소 왕이 결코 국민들만을 위해 헌신하지 않는다는 것, 왕도 탐욕을 가진 똑같은 인간이라는 것을 알게 되었지.

주하 말하자면 국민들이 세상을 보는 시야도 넓어지게 된 거네요?

아빠 그렇지! 어쨌든 가정이든 국가든 폭력이나 두려움으로 다스리면 부정적인 결과를 초래하게 된단다.

나는 아이의 이해를 돕기 위해 한 가지 이야기를 들려주었다. 어릴 적부터 새아빠에게 매를 맞으며 자란 한 남자가 있었다. 새아빠는 항상 남자를 못마땅하게 생각했고 이유 없이 폭력을 휘두르고는 했다.

시간이 지나 남자는 결혼을 하게 되었다. 하지만 부모에게 건강하고 올바른 가족 사랑을 배우지 못한 남자는 술에 취할 때마다 자신의 새아빠와 똑같이 아이들을 때렸다. 결국 큰 딸은 우울증에 걸렸고 수차례 자살을 시도했다. 아들 또한 아빠의 폭력을 견디다 못해 가출하고 말았다. 결국 폭력이 폭력을 낳은 것이다.

아빠 얘들아, 폭력은 이렇게 한 가정을 모두 파괴하는 결과를 낳는단다. 화가 많이 난다고 해서, 또 사람들이 내 말을 잘 듣지 않는다고 해서 《군주론》에 나오는 왕처럼 폭력을 휘두른다면 타인에게 씻을 수 없는 상처를 남길 수 있단다.

니콜로 마키아벨리

Niccolo Machiavelli, 1469~1527

1469년 이탈리아의 피렌체에서 태어난 마키아벨리는 변호사였던 아버지 베르나르도를 통해 고대 그리스 로마 인문학을 배웠어. 아버지 베르나르도는 마키아벨리에게 라틴어를 직접 가르치기도 했지. 어릴 때부터 접해온 다양한 학문의 영향으로 마키아벨리는 서른 살이 채 되기 전에 피렌체의 제2장관직까지 올랐단다.

마키아벨리는 고위공직자로서 내무, 병무, 외교 등의 일을 수행하며 많은 나라를 돌아보다가 자신의 조국이 나아가야 할 길을 깨닫게 되었다고 해. 한 번은 그가 프랑스의 루이 12세에게 도움을 요청했는데, 루이 12세는 신하들과 함께 마키아벨리를 비웃었어. 이탈리아가 프랑스보다 약한 나라라고 무시한 거지. 이런 냉대와 무시를 받은 마키아벨리는 어서 빨리 이탈리아가 통일이 되어 강력한 대국을 만들어야 한다는 생각을 품게 되었어.

그러던 중 마키아벨리는 로마에서 당시 교황이었던 율리우스 2세의 아들 체사레 보르자를 보게 되었어. 보르자는 권력을 위해 어떤 부도덕한 일도 서슴지 않았는데 그런 면이 마키아벨리에게 큰 감명을 주었단다. 당시 이탈리아는 밀라노, 피렌체, 베네치아, 교황령, 나폴리 등으로 분열되어 있어 매우 혼란스러운 상황이었어. 마키아벨리는 이탈리아를 하나로 통일하려면 체사레 보르자처럼 강력한 리더가 필요하다고 생각했지. 그의 이러한 생각은 《군주론》에 매우 자세히 나와 있어. 군주가 명성을 얻는 방법, 나라가 강할 때와 약할 때의 대처 방법, 신하를 잘 다스리는 방법 등이 담겨 있지. 우리는 마키아벨리의 철학을 통해 이 시대가 진정으로 원하는 리더십에 대해 다시 한 번 더 생각해 볼 수 있어. 우리가 살고 있는 이 시대는 더 이상 비인간적이고 폭력적인 리더를 원하지 않으니까 말이야.

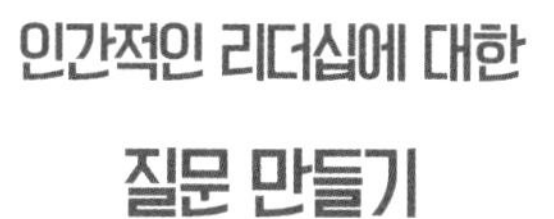

인간적인 리더십에 대한

질문 만들기

- 국민을 이끄는 리더는 무슨 일을 할까?
- 폭력적이고 비인간적인 리더가 국가를 이끈다면 우리는 어떻게 대처해야 할까?
- 국가를 부유하게 만드는 리더가 좋을까, 아니면 모든 사람을 행복하게 만드는 리더가 좋을까?
-
-
-
-
-
-
-

약속의 중요성을 알려 주는 토마스 홉스 이야기

/ 강한 자만이 살아남는 세상은 과연 행복할까? /

앞서 마키아벨리의 철학을 이야기하며 '인간의 폭력성'에 대해 생각해 보았다. 마키아벨리처럼 '인간은 악한 성품을 타고 났다.'고 말한 철학자가 또 있었는데, 바로 토마스 홉스다.

홉스가 살던 유럽은 전쟁 때문에 매우 혼란스러운 상황이었다. 이런 상황 속에서 홉스는 자연스럽게 '강한 자만이 살아남는다.'고 생각하게 되었고 《리바이어던》이라는 책을 썼다. 《리바이어던》은 인간은 악하다는 성악설을 기초로 한 책으로, 성경에 등장하는 '리바이어던(바다의 용)'과 같은 절대 권력의 필요성을 설파하는 내용을 담고 있다.

인간은 악한 성품을 타고났다는 점에 주목한 토마스 홉스의 생각에 대해 자녀들과 이야기해 보고, 강한 권력을 가진 국가는 어떻게 시민의 생명, 재산, 자유를 보존해 주어야 할지 생각해 보자.

/ 국민은 국가와 어떤 계약을 맺고 있을까? /

아빠 아빠는 이제부터 마키아벨리의 《군주론》은 거들떠보지도 않겠다!

주하 아빠, 왜요? 옛날의 아빠 모습을 닮은 것 같은데요? 화를 잘 내고, 걸핏하면 우리에게 매를 들었잖아요.

아빠 이제 그런 무서운 아빠에서 자상한 아빠로 바뀌고 싶은 거지!

주하 그게 과연 생각대로 잘 될까요?

아빠 그래서 약속도 하고 맹세도 하는 거지.

주하 아니요. 그런 것보다 더 강력한 것이 있어야 해요. 가령 종이에 적어 놓는 거에요.

아빠 오호, 일종의 각서나 계약서 같은 것이네!

주하 호호, 재미있을 것 같아요.

아빠 주하야, 이렇게 가족 간에도 계약을 할 수 있듯이 개인과 국가 사이도 계약 관계로 보는 사람들이 있었어.

주하 그게 누군데요? 마키아벨리는 아니잖아요.

아빠 마키아벨리는 아니지! 최초의 사회계약론자는 바로 홉스란다.

주하 홉스요? 재밌는 이름이네요! 우리가 실수 같은 것을 할 때 "웁스!"라고 하잖아요.

아빠 그래 그렇게 들릴 수도 있겠구나! 웁스!

주하 아빠, 홉스에 대해 이야기해 주세요.

아빠 홉스는 영국의 철학자야. 《리바이어던》이라는 책을 지었지. 참 이 '리바이어던'이란 말은 성경의 이사야서와 욥기에도 나오는데 이게 무슨 뜻인지 아니?

주하 글쎄요! 모르겠는데요!

아빠 음, 그럼 스무고개 한 번 해 볼까?

주하 그게 살아 있는 거예요? 아니면 죽어있는 거예요?

아빠 살아있지만, 실제로 존재하지는 않아!

주하 그럼 세상에 없는 거예요?

아빠 그렇지!

주하 그게 커요? 작아요?

아빠 아주 덩치가 산만하지!

주하 그런데 그게 왜 성경에 나와 있을까요?

아빠 글쎄다! 뭔가 거대하고 강한 것을 상징하고 있지 않을까? 《리바이어던》 책 표지에 바로 '리바이어던'이 그려져 있어!

주하 정말 모르겠어요, 아빠!

아빠 리바이어던은 성경에 나오는 용이야. 바다에 살고 있는 무시무시한 용인데 강력한 권력을 가진 군주를 상징한단다!

주하 그런데 왜 이 책의 제목이 되었을까요? 이 책은 뭔가 거대한 악의 세력을 이야기하고 있지 않을까요?

아빠 거의 비슷한데!

주하 독재자를 표현한 건가요? 혹시 홉스라는 사람이 독재자였나요?

아빠 반은 맞고 반을 틀렸어! 자, 책 표지를 다시 보자. 왼쪽에는 칼을 들고 오른쪽에는 지팡이를 든 거대한 거인이 산 위에서 세상을 내려다보는 것 같이 생겼지? 바로 이것은 바로 국가를 다스리는 '거대한 권력'을 뜻한단다. 그렇다고 홉스가 독재자라는 이야기는 아니야. 홉스는 세상에서 최초로 '사회계약설'을 이야기한 사람이야!

주하 그게 뭐에요? 사회계약설?

아빠 사회계약설이란 국민들 간의 합의와 계약을 통해 국가가 성립됐다는 이론인데, 홉스는 국민들이 리바이어던과 같은 강력한 힘을 가진 왕과 계약을 맺고 국가를 만들었다고 보았어.

주하 그런네 그게 왜 필요해요?

아빠 홉스는 사람은 악한 존재라고 생각했어. 홉스의 말에 따르면, 국가가 없는 자연 상태에서 인간들은 경쟁심이나 자신감 결여, 영광을 추구하는 성질 때문에 전쟁을 하게 된다고 해. 주하야! 너희들과 아빠도 계약을 했지?

주하 언제요?

아빠 저번에 용돈을 정한 다음에 계약서를 쓰고 서명도 했잖아. 벌칙도 만들었고. 그게 계약이란다. 계약을 안 하면 어떻게 될까?

주하 말을 잘 안 듣겠죠! 히히.

아빠 그래, 맞아. 홉스는 사람들은 모두 악한 본성을 가지고 있기 때문에 가만히 놔두면 서로 싸우고 난리가 난다고 말했어. 그것을 바로 '만인의 만인에 대한 투쟁 상태'라고 하지! 그래서 이런 사태를 방지하기 위해 국민들은 자신들을 보호해줄 거대 권력, 즉 군주와 계약 관계를 맺고 자신들의 모든 권리를 주게 된 것이라고 말했어. 이것은 그 이전의 생각과는 전혀 다른 새로운 생각이었어!

주하 어떻게 다른데요?

아빠 그러니까 그 이전에 왕은 신으로부터 권력을 부여받았다는 '왕권신수설'로 절대 권력을 정당화했지! 그런데 홉스의 《리바이어던》에 따르면 이 권력이 신으로부터 받은 것이 아니라 국민으로부터 받은 것이 된 거야! 그렇기 때문에 왕도 잘못을 저지르면 국민들에게 쫓겨날 수 있게 된 거지!

주하 와! 그럼 이제는 왕도 꼼짝 못하겠네요?

아빠 그래! 그게 이 책의 주된 내용이야! 어때? 국가의 권력을 쥐고 있는 왕, 그리고 국민은 서로 계약 관계로 이루어져 있다, 국민은 왕과 계약을 맺으면서 왕에게 권력을 부여해 준 것이다! 너무 쉽지? 아마도 홉스라는 사람은 성경에서 이 아이디어를 얻은 것 같아. 왜냐하면 최초로 신과 인간이 계약을 맺었잖아. 십계명이 그 증거야. 너희들과 아빠가 계약을 맺은 것처럼 말이야. 이 세상의 모든 거래를 계약 관계로 보았으니 어쩌면 국가와 국민과의 관계도 계약 관계로 보는 게 당연한 기지!

주하 그럼! 왕들이 싫어하겠네요?

아빠 그래. 왕뿐만 아니라 교황도 싫어하고 모든 사람들이 싫어해서 홉스는 외면당하거나 박해를 당했지.

주하 교황이 뭐예요?

아빠 교황은 가톨릭 교회의 왕이라고 생각하면 돼. 막강한 권력을 쥐고 신자들을 다스렸지. 예전에 주하가 로마에 가고 싶다고 했었지? 로마에 가면 로마 교황청을 볼 수 있어. 온 세상의 가톨릭 교회가 교황을 중심으로 움직인단다.

주하 그런데 왜 교황은《리바이어던》을 싫어했어요?

아빠 그러게 말이야! 교황이라는 거대 권력도 신에게서 받은 게 아니라는 공격을 받았기 때문이야.

주하 흠, 교황 입장에서도 자기가 가진 권력을 사람들이 무시하면 기분이 나쁘겠네요! 하지만 한 나라를 이끄는 리더는 자신의 이익만을 지키기 보다는 국민과의 약속을 지키는 것을 더 중요하게 생각해야 해요!

아빠 맞아. 훌륭한 리더는 구성원과의 약속을 잘 지키지!

주하 네! 친구끼리도 약속을 지켜야 사이좋게 지내잖아요? 저는 세상을 평화롭게 유지하기 위해 강한 리더가 있어야 한다는 홉스의 의견에는 동의하지만, 그 리더가 약속도 지키지 않고 포악하게 행동하면 너무 힘들 것 같아요!

아빠 그래, 맞아. 지금 우리나라를 이끄는 리더들에게 더욱 필요한 자세야. 주하도 일상 속에서 항상 평화와 약속의 의미를 잊지 않기를 바란다!

토마스 홉스

Thomas Hobbes, 1588~1679

토마스 홉스는 1588년에 영국 서남부 맘즈베리에서 태어났단다. 홉스가 태어난 해는 영국이 에스파냐 무적함대를 무찌르고 대서양 지배권을 빼앗았던 시기야. 당시 영국 여왕 엘리자베스1세는 에스파냐로부터 독립하기를 바랐던 네덜란드 해군과 연합하여 에스파냐를 무찌르기 위한 합동 작전을 펼쳤지. 결국 세계의 최강 에스파냐 무적함대를 격파하며 대서양 제해권을 장악했어.

그 이후 에스파냐 무적함대가 영국을 침공한다는 소문이 퍼져 영국 국민들은 하루하루 불안한 나날을 보내게 되었지. 홉스의 어머니 역시도 무척이나 불안과 공포에 시달렸던 모양이야. 결국 병약한 상태로 임신 7개월 만에 미숙아를 낳게 되었는데, 이 아이가 바로 홉스였단다. 칠삭둥이 홉스는 정서적으로 불안한 어린 시절을 보냈어. 홉스 스스로 자신을 '두려움과 쌍둥이'로 태어났다고 말할 정도였지.

홉스는 지금까지 소개한 철학자들과는 달리 제대로 된 가정교육을 받지 못하고 자랐어. 게다가 아버지마저 홉스와 어머니를 떠났단다. 홉스의 아버지는 도박에 빠져서 가정을 지키는 데에는 전혀 관심이 없는 남자였지.

그 이후 다행히 삼촌에게 맡겨진 홉스는 4세 때부터 교육을 받기 시작했지. 우울증을 앓았지만 혼자 책읽기를 좋아했던 홉스는 천재적인 두뇌의 소유자였어. 15살에 옥스퍼드대학에 입학했을 정도야! 대단하지? 그는 졸업 후 학교장의 추천으로 당시 귀족 가문이었던 '카벤디쉬 가문'의 가정교사로 사회에 첫 발을 내딛게 된단다.

홉스는 가정교사로 일하면서 유럽 여행을 많이 다녔어. 그러면서 다양한 나라의 지식인들과 교류의 폭을 넓혔지. 경험주의 철학자 프란시스 베이컨, 이탈리아의 과학자 갈릴레오 갈릴레이 등을 만나 이야기를 나누면서 과학적 지식의 힘이 세상을 바꿀 것이라는 확신을 갖게 돼. 이런 경험들은 홉스가 세계를 바라보는 시야를 넓혀주었지.

어쩌면 자기만의 세계에 갇혀 있는 것이 아니라, 다른 세계에 호기심을 갖고 이를 해소하려는 노력이 홉스의 독특한 철학을 형성했을지도 몰라. 앞에서 설명한 《리바이어던》은 '국민과의 계약'으로부터 왕의 권력이 나온다고 주장했지? 당시에는 이러한 홉스의 생각이 굉장히 파격적인 것이었단다. 자신들의 권력을 인정받지 못할까봐 왕당파, 의회파는 모두 《리바이어던》 읽는 것을 금지시켰지. 토마스 홉스는 비운의 철학자였지만 새로운 것을 시도하는 그의 용기, 창의력은 지금의 우리가 배워야 할 좋은 능력이야.

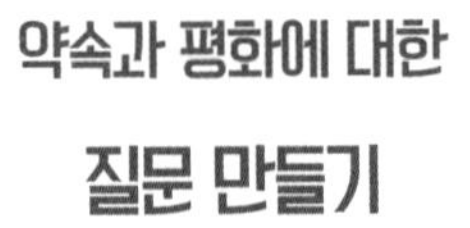

약속과 평화에 대한
질문 만들기

- 가족끼리는 어떤 약속을 하고 있을까?
- 지금 우리나라 대통령과 국민들은 어떤 약속을 하고 있을까?
- 약속을 지키지 않았을 때 국민들은 어떻게 행동할 수 있을까?
-
-
-
-
-
-
-
-
-

문제해결력을 길러 주는 존 로크 이야기

/ 음식을 버리는 일이 도둑질과 똑같다고? /

예전에 나는 거실을 청소하면서 가위를 13개나 발견하고 깜짝 놀란 적이 있다. 아내와 아이들에게 물어보니 저마다 나름의 이유가 있었다. 학교에서 선물을 받았거나, 갑자기 가위가 필요한 일이 생겨 급히 구입했다는 것이다. 식료품도 마찬가지다. 냉장고를 열면 먹지도 않는 식료품들이 가득했다. 나는 이 문제에 대해 가족들과 하브루타 대화를 나누기로 마음먹었다. 나는 하브루타 가족 식탁에 식구들을 불러 모으기 위해 종을 울렸다.

아빠 오늘 잠깐 이야기를 합시다. 여보, 이 우유나 음식들이 왜 이렇게 버려지는 걸까요?

아내 당신이 살림을 안 해봐서 몰라요. 살림하다 보면 많이 사기도 하고 버려지는 일도 있어요.

아빠 아니, 그러면 애초에 먹지도 않을 음식을 산단 말이에요?

아내 요즘 마트에서 1+1 세일을 얼마나 많이 하는데요. 냉장고에 식료품들을 넣어두고 바쁘게 살다보면 잊어버릴 수도 있죠. 또 유통기한이 지나버릴 때도 있어요!

아빠 음식이 상해서 버리는 것은 남의 것을 도둑질하는 것이나 마찬가지예요!

주하 아빠, 그래도 그 말은 너무 심하지 않아요? 우리가 진짜 도둑질을 한 것도 아닌데!

아빠 이건 아빠가 한 말이 아니야. 엄청 유명한 철학자가 한 말이야.

주하 그게 누군데요?

아빠 그것은 바로 《정부론》을 쓴 영국의 철학자 존 로크라는 사람이란다.

주하 그 분도 잔소리쟁이인가요? 아빠처럼. 호호.

아빠 현대사회까지 엄청난 영향력을 미친 사람이지. 이 시대를 '존 로크의 시대'라고 할 정도야!

주하 어떻게 그렇게 되지요? 음식이 상해서 버리는 것이 도둑이라고 해서요?

아빠 그것만은 아니지! 아빠의 말은 음식이 상해서 버리는 것에 대해 문제 제기를 한 사람은 아빠만은 아니라는 거지!

/ 돈을 더 많이 벌고 싶은 욕심은 왜 생길까? /

주하 아빠, 존 로크에 대해 이야기를 더 해 주세요. 어쩌다가 철학자가 그런 말을 하게 되었어요?

아빠 아빠가 지난번에 홉스의 《리바이어던》에 대해 가르쳐준 적이 있었지?

주하 네.

아빠 홉스는 성악설을 기반으로 자연 상태의 인간을 '만인의 만인에 대한 투쟁 상태'라고 말했어. 그리고 투쟁 상태를 통제하기 위해서 사람들은 권력자와 계약을 맺고 그에게 모든 통치를 맡긴 것이라고 했지.

주하 네. 그랬죠. 그런데 홉스와 존 로크란 사람이 어떤 관계가 있어요?

아빠 좋은 질문이구나. 둘 다 같은 영국 사람이지만 서로 비슷하면서도 의견이 매우 달랐지. 두 사람 모두 사회계약을 통해 국가를 이루었다는 사회계약설을 주장하지만 상당히 다른 시각을 가졌지.

주하 존 로크는 어떻게 생각했는데요?

아빠 존 로크는 자연 상태의 인간은 백지 상태와 같이 선하다고 주장했지. 자유와 평화를 사랑하는 것이 인간의 본성이라고 본 거야. 그게 바로 성선설이야!

주하 그런데 아빠, 존 로크의 말과 도둑질과는 어떤 관계가 있어요?

아빠 그 질문이 나올 줄 알았다. 그렇게 자유와 평화를 사랑하는 사람들에게 왜 계약이 필요하게 되었을까!

주하 뭔가 다툼이나 싸움이 있었을 것 같아요!

아빠 그럼 왜 싸우게 되었을까?

주하 욕심이 생기지 않았을까요? 동생 준혁이와 제가 잘 놀다가도 서로 욕심을 부리면 싸우게 되잖아요. 호호

아빠 그래, 맞았다. 더 가지려는 욕심 때문이지. 아주 오래 전 우리 인간들은 자연 상태에서 자유롭고 평화롭게 살았어. 처음에는 인간들이 일을 해서 음식을 먹는 데도 노동의 한계가 있었지.

주하 아빠, 노동의 한계가 뭐에요?

아빠 말 그대로 인간이 일하는 데에 한계가 있다는 뜻이야. 인간이 기계가 아닌 이상 일하는 데에는 한계가 있지. 그래서 인간이 땅을 소유하는 데도 노동의 한계가 있고, 곡식이나 과일을 수확해서 이용하는 데에도 한계가 있었단다.

주하 그래서요?

아빠 말하자면 그 한계만큼만 소유해야 했지. 그 이상으로 소유하면 상해서 버려야 한다는 거야. 이렇게 상해서 버리면 다른 사람들이 먹을 수 있는 것을 버리게 되었으니, 도둑질한 것이나 마찬가지라고 본 거야!

주하 아, 그래서 도둑질이라고 했군요! 드디어 정답이 나왔네요! 로크에게는 음식이 상해서 버린다는 것이 정말로 좋지 않은 일이었나 봐요!

아빠 그래. 그래서 옛날 사람들은 많이 소유할 필요가 없었어. 많이 소유하면 버려야 했으니까!

주하 흠, 그럼 서로 더 많이 가지려고 싸울 필요도 없었겠네요. 평화로웠겠어요!

아빠 그런데 문제가 생겼어. 시간이 지나니, 상하지도 않고 버릴 필요가 없는 물건이 생긴 거야!

주하 그게 뭔데요? 그것을 알면 우리도 음식을 버리지 않겠네요?

아빠 바로 물물교환과 화폐가 등장했어! 물물교환을 하면 자신의 물건이 상하기 전에 다른 사람의 물건과 바꾸면 되니까, 물건이 썩어서 버릴 필요가 없어진 거지!

주하 그럼, 우리도 음식이 썩기 전에 음식을 필요로 하는 누군가와 물물교환을 하면 되겠네요.

아빠 그렇지. 그런데 꼭 물건으로만 바꿀 필요는 없지. 돈으로 바꾸면 어떨까? 이제 물건을 돈으로 바꿀 수 있는 화폐가 등장하자 인간들은 다른 단계로 진입하게 되었어!

주하 그게 무슨 단계인데요?

아빠 화폐가 등장하자 인간들은 자신의 소유를 '이용 가능한 만큼'에서 이제 '모을 수 있는 만큼'으로 발전하게 된 거야. 최대한 많이 생산하는 사람이 최대한의 화폐와 재산을 갖게 된 거지! 그야말로 놀라운 변화가 생긴 거야.

주하 돈은 정말로 무서운 힘이 있네요! 맞아요. 사람들은 돈을 모을 수 있는 만큼 많이 모으려고 하잖아요.

아빠 여기서 잠깐 존 로크의 가정에 대해 알아볼 필요가 있어. 로크는 아버지가 법률가인 '젠트리' 출신이어서 유복하게 자랐단다. 그래서 아버지에게 물려받은 땅으로 충분히 먹고 살 수가 있었지!

주하 아빠, 젠트리가 뭐예요?

아빠 음, '젠트리'라는 것은 왕족이나 귀족도 아니면서 그렇다고 서민도 아닌, 돈 많은 중산층을 말하지. 영국의 장미전쟁 이후로 상업에 종사하거나 전문직에 종사한 사람들이 대부분이야. 그들은 부유하면서도 교양도 많이 갖추었단다. '젠틀맨'이라는 말 알지?

주하 네. 신사란 말이잖아요.

아빠 그래. 그 젠틀맨이란 말이 '젠트리'란 말에서 왔단다.

주하 오호, 그래요?

아빠 물려받은 땅이 많았던 로크에게는 사유 재산을 인정하는 것과 자유롭게 돈을 벌어 재산을 축적하는 것이 당연했지. 자유로운 상업 활동을 통해 능력에 따라 빈부의 격차가 벌어지는 불평등 구조가 있을 수밖에 없다는 것을 인정한 거야!

주하 아빠, 부자들은 대체로 개인 소유를 중요하게 여기고, 돈이 많지 않은 사람들은 공동의 소유를 중요하게 여기는 것 같아요.

아빠 좋은 지적이야. 아리스토텔레스는 부유하게 살아서 개인 소유와 자유를 중요시 했고, 반대로 플라톤은 상대적으로 그렇지 못해 공동의 소유를 더 중요시 했단다.

주하 살아온 배경에 따라 생각과 철학도 달라지네요.

아빠 아무래도 그렇지. 마르크스란 사람도 평생을 그렇게 넉넉하게 살지 못했는데, '공산주의'를 주장했지 뭐냐!

주하 공산주의요? 북한과 똑같은 거네요!

아빠 그래. 존 로크에 대해 조금 더 이야기해 줄게. 화폐가 등장하자 인간의 욕심과 이기심은 더 커졌지. 무한정으로 소유할 수 있으니까! 그러자 사람들은 서로 나두고 전쟁을 일으키게 되었어. 이것은 주하와 준혁이가 사이좋게 지내다가도 곧잘 전쟁 상태가 되는 것과 같단다! 이렇게 서로 전쟁상태가 되면 어떻게 될까?

주하 서로 화해하거나 누가 말려야지요!

/ "왜 안 돼?" 끊임없이 질문하는 인재가 세상을 바꾼다! /

아빠 맞아. 전쟁이 일어나는 것을 막고 평화를 유지하기 위해 권력 기관이 생긴 거야. 그래서 국가가 생기고, 그 안에 대통령이 있는 거란다.

주하 와, 그래서 국가가 생긴 거군요!

아빠 그렇지. 국가는 갑자기 나타난 것이 아니야. 전쟁이 일어나는 것을 막기 위해 사람들과 왕은 서로 합리적인 계약을 하게 되었고, 그 결과 국가가 만들어진 거야. 국민은 자신들의 권리를 왕에게 맡겼고, 그 대가로 왕에게는 국민을 보호하고 전쟁을 막아야 하는 의무가 생겼지. 그래서 국가라는 권력도 결국 국민에게서 비롯된 것이나 다름없어. 이전에는 왕이 신으로부터 자기가 권력을 받았다고 생각했거든.

주하 그럼 왕이 자신의 권력을 맘대로 사용하면요? 그럴 때는 어떻게 해요?

아빠 그때는 국민들이 왕을 바꿀 수도 있지! 당시 이런 생각은 사회에 엄청난 파장을 몰고 왔어. 옛날에는 그 누구도 왕에게 도전할 생각을 하지 못했지. 하지만 이러한 현실에 끊임없이 "왜 안 돼?"라고 의문을 품은 로크와 홉스가 세상을 뒤집었지! 그들은 왕에게 저항하는 도전장을 낸 거야.

주하 정말 상상도 못한 생각이었네요! 그래서 어떻게 됐어요?

아빠 난리가 났지 뭐냐! 홉스와 로크의 생각은 영국뿐만 아니라 프랑스나 독일 등 유럽에서 계몽사상으로 발전하게 되었어. 그 결과, 전 세계적으로 왕의 권력에 도전하는 일들이 생겨났단다.

주하 그래서요?

아빠 혁명이 일어났어. 프랑스에서는 프랑스 혁명, 영국에서는 명예혁명, 미국에서는 독립전쟁까지 일어나서 수많은 사람들이 권력으로부터 자유로워지기 위해 피를 흘렸지. 그 과정에서 많은 사람들이 죽고 다쳤단다.

주하 이제는 왕도 큰 힘이 없네요!

아빠 그래, 맞아. 이런 생각은 현재 우리가 살고 있는 자유민주주의를 꽃피게 했단다. 그래서 이 시대를 '존 로크의 시대'라고 한단다.

주하 아빠, 너무 대단해요. 아무도 생각하지 못 했던 걸 생각해낸 거잖아요! 역시 철학자들은 우리가 살고 있는 이 세상을 거꾸로 보는 능력을 가지고 있는 것 같아요! 나도 그런 사람이 되고 싶어요.

아빠 주하가 너무 좋은 생각을 했어! 그게 바로 우리가 지금 철학을 공부해야 하는 이유야. 철학을 공부하면 지금 우리가 살고 있는 세상을 바로 볼 줄 아는 능력도 키우게 돼. 우리가 누리는 자유는 쉽게 이루어진 것이 아니란다. 부당한 권력에 수없이 맞서고 저항한 사람들의 노력으로 이루어진 거야. 자유는 숭고한 것이란다.

주하 아빠, 저는 그동안 요즘 같은 자유로운 삶을 너무나도 당연하게 생각했어요. 자유란 정말 소중한 것이네요!

아빠 그렇지. 이렇게 힘들게 얻은 자유를 이제는 빼앗기지 말아야지. 우린 민주시민으로서 자유와 평화를 지키기 위해 노력해야 한단다. 나의 자유가 소중하면, 남의 자유도 소중하다는 것을 잊으면 안 돼. 남의 자유를 빼앗으려고 싸우는 건 나쁜 행동이야.

주하 네. 언제 어디서나 평화를 지키기 위해 노력할게요. 히히. 동생이랑도 덜 싸우고요!

아빠 자, 그럼 다음 수업에는 무엇을 할까?

주하 아빠, 정말 재밌어요. 매일 매일 이렇게 이야기해 주세요!

아빠 알았다, 알았어. 아빠도 공부를 열심히 해야겠구나!

존 로크

John Loche, 1632~1704

존 로크가 살던 시기, 영국은 혁명의 시대를 맞이했단다. 1642년 일어난 청교도 혁명, 1688년 일어난 명예혁명으로 인해 영국의 오랜 시민 혁명은 마침내 결실을 맺게 되었지.

존 로크는 영국의 서머싯 주 링턴의 평범한 중산층 가정에서 태어났어. 청교도이면서 신흥계급으로 떠오른 젠트리 계층이었던 부모의 영향으로 존 로크도 청교도의 삶을 시작했단다. 젠트리는 귀족은 아니었지만 경제력과 전문 지식을 바탕으로 14세기부터 영국의 정치적, 사회적 변화를 이끈 신흥 세력이었어. 부유한 가정환경 덕분에 로크는 귀족학교인 웨스트민스터 학교를 졸업할 수 있었단다. 또 부모로부터 풍부한 유산을 받아 일생동안 돈 걱정 없이 살았지.

이러한 신분적 배경은 그가 주장한 사회계약설에도 그대로 나타나고 있어. 존 로크의 사회계약설은 토마스 홉스와 달리 인간의 성선설을 바탕으로 하고 있지. 특히 개인의 재산을 보호하기 위해 국가 권력이 필요하다는 그의 주장에는 자신들의 재산을 지키려했던 젠트리 계급의 목소리가 담겨 있다고 볼 수 있어.

왕권신수설을 부정하고 국가 권력의 원천은 국민이라는 점을 분명히 밝힌 《정부론》은 당시 사회 분위기에 큰 파장을 몰고 왔단다. 매우 위험한 사상이라고 평가받았지. 그럼에도 불구하고 왕의 권력에서 벗어나 자유롭기 살기를 갈망하던 젠트리와 전문직 계층으로부터 열렬한 지지를 받았어. 결국 이 책은 영국의 명예 혁명뿐만 아니라 미국의 독립전쟁, 18세기 프랑스 대혁명에 지대한 영향을 끼쳤지.

로크의 《정부론》을 통해 우리는 부당한 권력을 인식할 수 있는 판단력, 그리고 어떻게 권력의 횡포를 이겨낼 수 있을지 해결책을 찾는 문제해결력을 기를 수 있어. 국가를 대표하는 리더들 역시도 잘못을 저지르면 국민의 심판을 받을 수 있다는 사실을 기억해 두렴.

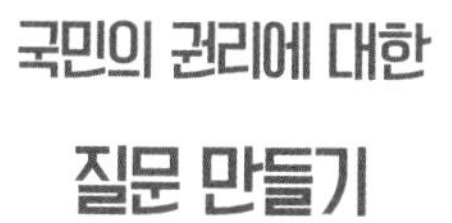

국민의 권리에 대한

질문 만들기

- 우리는 지금 어떤 자유를 누리며 살아가고 있을까?
- 우리의 자유를 구속하는 것들에는 무엇이 있을까?
- 국가가 국민을 지키지 못했을 때 국민은 어떻게 할 수 있을까?
-
-
-
-
-
-
-
-
-

화해와 평화의 지름길을 알려 주는 루소 이야기

/ 사람들은 사이좋게 지내다가 왜 갑자기 싸울까? /

아이들은 서로 사이좋게 놀다가도 싸우는 일이 다반사다. 싸운 이유를 살펴보면 첫 번째로 먹는 것 때문이다. 자신이 먹으려고 했던 것을 동생이 먹었다는 둥 자기는 안 주고 동생 혼자만 먹었다는 둥 난리가 아니다. 부모 입장에서는 맛있는 것을 사다주었을 때 아이들끼리 싸움이 일어나면 다시는 아무 것도 사주기 싫은 마음이 들기도 한다.

두 번째, 함께 게임을 하다가 자신이 불리하거나 지고 있을 때 싸움이 일어난다. 언젠가 아이들 둘이서 바둑을 두다가 크게 싸운 적이 있다. 여태까지 나이가 많은 누나가 바둑에서 우위에 있었는데, 그동안 학교 바둑 교실에서 실력을 키워 온 동생에 내리 두 판을 내어 주게 된 것이다.

나는 싸우고 있는 아이들을 붙잡고 게임이 공정했는지, 누가 과하게 화를 낸 건 아닌지 자초지종을 들어 보았다. 그러자 첫째 아이는 자기가 지금까지 계속 이겼는데 갑자기 동생이 두 판이나 이기자 분해서 과하게 화를 낸 것이라고 털어 놓았다.

나는 이렇게 생각했다.

'아, 평화로운 날이 하루도 없구나!'

하지만 싸운 지 10분이 지났을까? 이불 속에서 혼자 울고 있던 둘째 아이가 누나에게 나가서 다시 놀자며 화해를 신청했다. 그러자 두 아이는 아무 일도 없었던 것처럼 다시 사이좋게 노는 것이 아닌가?

나는 아이들의 반복된 싸움이 점점 걱정되기 시작했다. 아이들의 싸움을 한 마디로 설명하자면 어른들 세계에서의 '소유권 분쟁'과도 같은 것이다. 한정된 물품 중에서 자기 마음에 드는 것을 갖고자 하는 욕심 때문에 싸움이 일어난다. 나는 장 자크 루소의 《사회계약론》를 예로 들어 아이들에게 사람들은 왜 싸우는지, 또 왜 화해하는지, 어떻게 평화를 지킬 수 있는지 이야기해 주고 싶었다.

아빠 사람들이 서로 사이좋게 지내다 전쟁 상태가 되는 이유가 뭘까?

주하 이기심이나 욕심이 지나쳐서 그렇겠죠?

아빠 주하는 동생이랑 왜 싸우지?

주하 준혁이가 자기 마음대로 하려고 하잖아요!

아빠 그럼 준혁이는 왜 자기 마음대로 하려고 했어?

준혁 누나가 혼자만 하려고 하고 저한테 기회를 안 줘요.

아빠 결국 서로 자기 욕심만 내세워서 싸움이 일어난 거네? 그럼 계속 싸우지, 왜 화해를 했지?

주하 혼자서는 못 노니까 화해하는 게 낫죠.

아빠 어쨌든 자신의 의지를 통해 화해를 한 거네?

주하 그렇죠! 내가 평화로워지고 싶으니까, 화해하고 집 안의 평화를 만든 거죠!

아빠 그래, 맞아. 자신의 필요에 의해서 평화를 선택한 거야!

/ 화해하면 모든 것이 해결될까? /

아빠 그럼 이렇게 말해도 될까? "자연 상태의 인간은 원래 선하지만, 이기심과 욕심이 생겨 전쟁이 일어났다. 하지만 자발적으로 평화를 만들려고 노력한다." 어떠니?

주하 아빠, 누가 한 말이에요?

아빠 이건 대단한 발견이란다! 프랑스의 계몽주의 철학자 장 자크 루소가 쓴 《사회계약론》에서 나오는 말이야!

주하 아빠, 더 자세히 알려 주세요.

아빠 루소는《사회계약론》을 통해 자연 상태의 인간은 자유롭고 평화로웠다고 말했어. 하지만 세월이 지나면서 점점 자유를 잃고 불안정해지니까 더 나은 삶을 살기 위해, 그리고 평화를 되찾기 위해 인간은 자발적으로 사회계약을 맺었다는 거야.

주하 아빠! 존 로크도 '계약'을 이야기했잖아요.

아빠 응, 존 로크와 루소 모두 사회계약론자이기는 하지만, 차이점이 있단다.

주하 어떻게 다른데요?

아빠 그럼 우리 철저하게 공통점과 차이점을 비교해 볼까?

주하 일단 공통점은 사회계약론자라는 것! 차이점은 로크는 영국 사람이고 루소는 프랑스 사람이라는 것!

아빠 오! 그렇지. 주하가 벌써 알아차렸구나! 지난번에 말한 홉스와 로크, 그리고 이번 시간에 소개할 루소는 대표적인 사회계약론자들이야.

주하 지난번에 아빠가 홉스는 성악설을 배경으로 사회계약론을 주장했고, 로크는 성선설을 토대로 사회계약론을 주장했다고 하셨어요!

아빠 잘 기억하고 있구나. 그런데 재밌는 것은 어린 시절 가정환경이 불우한 사람들은 대체로 성악설을 주장하고, 유복한 가정환경에서 자란 사람들은 성선설을 주장하는 경향이 있어! 왜 그럴까?

주하 가난한 어린 시절을 보낸 철학자들은 아무래도 비관적인 가치관을 갖게 되고, 부유한 가정환경의 철학자들은 좀 더 긍정적인 가치관을 갖게 되지 않을까요? 다 그렇지는 않지만요!

아빠 플라톤과 아리스토텔레스를 비교해도 그런 경향이 있는 것 같아. 부유하게 자란 아리스토텔레스는 인간을 선하게 보았지. 그리고 사유재산을 인정하고 개인의 자유를 소중하게 여겼어. 하지만 루소는 반대였단다. 루소는 불우한 가정환경에서 자랐지만 성선설을 주장했어.

주하 가정환경이 반드시 자신의 생각에 영향을 미치지 않는 것 같아요. 어렵게 자란 사람들도 좋은 생각을 가질 수 있고 부유하게 자란 사람들도 얼마든지 나쁜 생각을 가질 수 있어요.

아빠 그래, 주하 말이 맞아! 아빠 말은 대체적으로 그런 경향이 있다는 것일 뿐, 모든 사람에게 해당되는 것은 아니야!

주하 네. 가정환경으로 사람을 함부로 판단해서는 안 돼요.

/ 공통점과 차이점을 찾으면 나만의 지식을 만들 수 있다! /

주하 아빠, 그러고 보니 홉스나 존 로크, 루소는 모두 사회계약론인데 조금 혼동이 돼요! 정확하게 공통점과 차이점이 뭐예요?

아빠 공통점은 이 사람들 덕분에 계몽 운동이 시작되고 민주주의가 발전했다는 거야! 차이점은 지금부터 아빠가 구체적으로 알려 줄게.

주하 네!

아빠 음, 우선 토마스 홉스는 '인간의 본성이 악하다'는 성악설을 바탕으로 자연 상태를 만인의, 만인에 대한 투쟁 상태로 규정했어. 그리고 이런 전쟁 상태를 종식할 힘을 가진 강력한 국가의 출현이 필요하다는 입장을 피력했지.

주하 거기까지는 이해가 가요. 사람들이 서로 싸우게 되었으니 말릴 필요가 생긴 거예요!

아빠 그렇지. 따라서 국가를 상징하는 군주가 막강한 힘을 가지고 있어서 국민들을 보호해야 할 책임을 지는 거야.

주하 그렇게 하려면 강한 군대가 필요하겠네요?

아빠 그래 맞아. 하지만 존 로크는 성선설 즉 '원래 인간의 본성은 선하다'는 것이었어. 성경을 바탕으로 자연 상태를 에덴동산과 같은 평화로운 상태로 규정했지.

주하 그게 홉스와는 다른 점이네요. 생각의 출발이 달라요. 그런데 그 이후로 사람의 탐욕이나 이기심 때문에 또 싸우게 되죠? 맞죠?

아빠 그렇지. 그런데 여기서 홉스와 다른 점은 싸움을 해결하기 위해 막강한 군대나 국가가 아니라 공정한 재판관으로서의 국가의 역할을 이야기했단다. 그래서 로크는 군대보다는 법에 의한 정치를 중요시 여겼고 그 법을 제정하는 의회라는 기관을 두자고 한 거야. 의회 정치를 이야기한 것이지.

주하 오호! 해결 방법에서 큰 차이점이 있네요. 그런데 오늘 이야기한 루소는 로크와 많이 비슷한 것 같은데요?

아빠 장 자크 루소는 로크와 마찬가지로 성선설에 입각해서 주장을 펼쳤어. 그래서 루소는 자연 상태의 사람들이 공공선을 위한 선한 의지가 있다는 점에 착안해 싸움을 말릴 필요성보다는 모두에게 도움이 되는 공적인 업무를 담당하는 국가가 필요하다는 것이었어. 정리해보면 토마스 홉스는 경찰이나 군대를 통해 국민을 보호하는 국가의 역할을, 존 로크는 재판권과 입법권을 중심으로 한 의회 정치를 실천하는 국가의 역할을, 장 자크 루소는 모두에게 이익을 가져오는 공적인 일을 담당하는 행정부로서의 국가의 역할을 강조했단다.

주하 이제 세 사람의 차이가 정확해졌네요. 싸움을 말리기 위해서 강한 군대 또는 법을 만드는 의회, 마지막으로 개인이 할 수 없는 공적인 일을 도와주는 국가네요!

아빠 와우! 오늘 엄청 많이 배웠다!

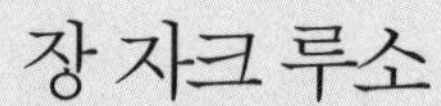

장 자크 루소

Jean Jacques Rousseau, 1712~1778

프랑스 계몽 철학자 장 자크 루소는 1712년, 프랑스의 주네브라는 곳에서 태어났어. 태어난 지 9일 만에 어머니를 잃고, 10살이 되자 아버지가 가출하여 고모와 외삼촌의 손에서 자라게 되었지. 불우한 유년시절을 보내던 중 그는 어느 가톨릭 사제의 도움으로 귀족인 바랑 부인을 만나게 되는데, 이 일을 계기로 인생이 완전히 변하게 된단다. 당시 귀족 부인들은 예술가들을 후원하는 경우가 많았는데, 바랑 부인이 루소의 후원자로 나서 준 것이지.

루소는 베네치아 주재 프랑스 대사의 비서로 잠시 일하면서 정치의 중요성을 자각하게 되었다고 해. 그래서 정부의 역할에 대한 글을 쓰기 시작했고, 이를 정리한 책이 바로 《사회계약론》이야.

《사회계약론》은 토마스 홉스의 《리바이어던》, 존 로크의 《정부론》과 함께 근대 민주주의의 토대가 된 '국민주권론'의 핵심 사상을 제공한 책으로 평가받고 있단다. 다만 루소의 책은 다른 책들과는 다른 관점을 가지고 있었지. 토마스 홉스처럼 극단적인 성악설을 주장하지도 않고, 성선설을 바탕으로 한 존 로크처럼 사유재산 제도를 옹호하지도 않는단다. 오히려 그는 "인간은 자유롭게 태어났지만 쇠사슬에 묶여 있다."면서 원초적으로 자유로운 인간을 얽어매고 있는 부당한 권력으로부터의 자유를 갈구했어. 루소는 모든 사람은 자유를 갈구하고 있으며 자유와 평화를 자신의 의지대로 선택할 수 있다고 생각했지. 그래서 사람들은 자유와 평화를 향한 자신의 의지를 '사회계약'을 통해 표현한다는 거야. 루소는 이 의지를 '일반의지'라고 말했단다. 일반의지는 시민의 권리를 대변하기로 계약을 맺은 의회, 혹은 각종 법률로 표현할 수 있어.

루소의 주장에 따르면 시민들은 국가의 주인이면서도 국가권력의 통제를 받아들여야 하는 피치자에 해당된단다. 국가의 주인인 국민으로부터 다스리도록 권력을 위임받은 국가는 반드시 법을 지키며 공정하게 운영되어야 해. 또한 루소는 국민들이 대리자를 손쉽게 바꿀 수 있는 선거제도를 염두에 두고 사회계약설을 주장했단다. 국민으로부터 권력을 위임받은 대리자들은 반드시 한시적으로만 권력을 행사할 수 있다고 주장했어.

토마스 홉스, 존 로크, 루소의 사회계약론은 서로 비슷하면서도 차이점이 있어. 공통점과 차이점을 함께 생각하면 세 사람의 철학을 더 이해하기 쉬울 거야. 서로 비슷한 것 같지만 조금씩 다르단다. 또한 사회계약설이 당시 절대왕정 시대였던 유럽에 미쳤을 막대한 영향을 생각해 보고, 그 후에 발생한 혁명들, 근현대 민주주의 국가의 성립과 발전까지 더 깊게 공부를 해 보는 것도 좋겠다.

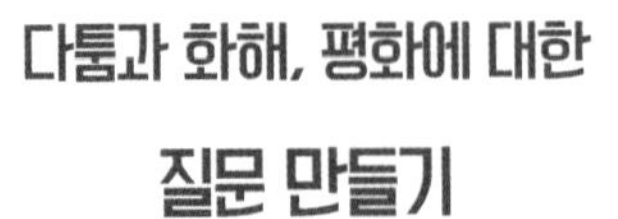

다툼과 화해, 평화에 대한

질문 만들기

- 모두의 평화를 지킬 수 있는 올바른 화해 방법은 없을까?
- 싸우지 않고 원하는 것을 얻는 방법은 없을까?
- 반복적으로 전쟁이 일어나는 것을 막기 위해서는 어떻게 해야 할까?

-
-
-
-
-
-
-
-
-

긍정적인 사고와 도전 정신을 길러 주는 니체 이야기

/ 사람은 주변 환경에 얼마나 많은 영향을 받을까? /

오늘은 식탁에 바나나와 키위가 후식으로 등장했다. 아이들은 바나나보다는 키위를 더 좋아한다. 그 중에서도 아이들은 골드키위를 가장 좋아한다. 식탐이 없는 둘째 아이도 골드키위라면 눈이 동그래진다. 키위를 좋아하는 아이들을 보고 있자니, 나는 문득 철학자 니체가 떠올랐다. 니체는 키위와 인간을 비교하는 독특한 철학을 선보인 철학자다. 왠지 키위를 맛있게 먹고 있는 아이들에게 니체 이야기를 들려주면 흥미로워할 것 같았다.

아빠 주하야, 키위가 항상 몸에 좋은 것만은 아니란다.

주하 아빠, 무슨 말씀이세요? 우리는 맛있기만 한데!

아빠 글쎄, 아빠의 말을 잘 들어보렴. 너희들이 먹는 과일 키위도 있지만 뉴질랜드에는 키위라는 새도 있단다. 어떻게 해서 키위라는 이름을 얻게 되었을까?

주하 혹시 키위처럼 생겼어요?

아빠 오호! 그래! 키위라는 새는 키위 열매처럼 몸집이 작고 동그랗단다. 날개가 있지만 날 수가 없고, 눈이 있지만 앞을 볼 수가 없지.

주하 왜 그렇게 된 거예요?

아빠 그것은 말이다. 키위 새의 서식지가 화산지대 주변이어서, 뱀이나 맹수 같은 천적이 없고 먹을거리가 풍부했기 때문이야. 원래 새들은 먼 곳에 있는 먹이를 찾기 위해 높이 날아 다녀야 하는데, 키위 새는 그럴 필요가 없어진 거지. 그래서 날개와 눈이 퇴화해버린 거란다.

주하 아빠, 너무 불쌍해요! 새인데 날지도 못하고 보지도 못한다니!

아빠 결과적으로 키위 새는 한 치 앞을 못 보고 주둥이만 땅에 박고 다니는 새로 전락해 버렸단다.

주하 어떻게 그렇게 될 수 있죠? 너무 신기해요.

아빠 주변 환경이 얼마나 우리에게 많은 영향을 미치는지 몰라. 그런데 독특하게도 이 키위 새를 주목한 철학자가 있어. 그게 누군지 아니?

주하 그게 누군데요?

아빠 바로 니체라는 철학자야. 니체는 이 키위가 비천하기 짝이 없는 전형적인 인간의 모습이라고 했단다.

주하 그럼 인간도 주변에 위험한 것이 없고 먹을 것이 많으면 키위새처럼 될 수 있다는 말이네요?

아빠 그렇지.

주하 아빠, 그런데 니체라는 사람은 왜 그런 말을 했어요?

아빠 좋은 질문이야. 니체는 비천한 상태에 놓여 있는 사람들, 나쁜 환경 속에 놓여 있는 사람들에게 하늘을 날 수 있는 날개와 멀리 볼 수 있는 눈을 주고 싶었단다.

주하 사람들이 왜 비천한 상태, 나쁜 환경 속에 놓여 있죠? 그리고 어떻게 하늘을 날 수 있는 날개와 멀리 볼 수 있는 눈을 줄 수 있어요?

아빠 허허, 이야기가 길어지겠다! 어디서부터 시작해 볼까? 아빠가 먼저 니체의 철학에 대해 이야기해 줄게. 니체는 아주 도전적인 말을 했지. 바로, "신은 죽었다."고 말이야! 당시 시대 상황에서는 아주 문제적인 발언이었어.

/ 나를 긍정하는 것이 행복한 삶에 도움이 될까? /

아빠 할아버지와 아버지가 루터파 목사였던 니체는 집안의 바람으로 신학을 공부할 수밖에 없었어. 하지만 곧 기독교에 대한 깊은 회의감에 빠졌단다. 결국 《차라투스트라는 이렇게 말했다》라는 책을 통해 니체는 "신은 죽었다.", "신은 죽어야만 한다."라며 심하게 기독교를 비판하게 되었지.

주하 와, 어떻게 그럴 수가 있죠? 용감한 사람이네요!

아빠 하지만 니체는 기독교를 비판하면서, 오히려 자신은 진정으로 신이 원하는 삶을 살기를 바랐단다.

주하 어떻게 그럴 수가 있죠? 신은 죽어야 한다고 말하면서, 신이 원하는 삶을 살 수가 있어요?

아빠 그래. 어쩌면 주하의 대답이 맞을 수도 있겠다. 당시 인간들은 선과 악을 극명하게 나누는 이분법적인 사고방식을 가졌어. 이것은 고대 플라톤으로부터 근대에까지 계속 영향을 미쳤지. 이분법이란 사물의 이치를 두 가지 원리로만 보는 견해야. 선과 악, 영혼과 육체, 천국과 지옥, 흑과 백 등의 시각으로만 보는 거지. 가령 신은 선하고 인간은 무조건 악하다거나, 인간의 영혼은 고귀한 것이지만 반면에 육체는 악하다고 말하는 거야. 또 천국과 지옥으로만 나누고 천국, 즉 이상향만을 꿈꾸며 사는 태도를 말하지.

주하 아빠, 근데 그러면 안 되나요? 이 세상이 힘들고 어려우니 다른 세상, 즉 천국을 꿈꾸며 사는 것이 나쁜 건 아니잖아요.

아빠 음, 꼭 그렇지만은 않지. 잘못하면 천국을 맹목적으로 바란 나머지 현세를 아무렇게나 살게 될 수도 있어. 가령 이런 것이란다. 에덴동산에서 쫓겨난 아담과 하와가 삶을 스스로 개척하며 살지 못하고, 자꾸 에덴동산으로 돌아갈 방법만 찾아 헤맨다면? 이것은 좋지 않다는 말이야. 분명히 신에게는 에덴동산에서 사람을 쫓아 내보낸 이유가 있을 거야. 현재의 삶을 열심히 살면서 신의 존재를 기억하고 감사하라는 뜻이 담겨 있지 않았을까?

주하 그럼 아빠, 아담과 하와가 에덴동상에서 쫓겨난 것이 죄를 지었기 때문이 아니라 원래 신의 계획이었다는 거죠?

아빠 그렇지. 전능하신 신이라면 모든 것을 알고 있기에, 선악과를 먹고 죄를 지을 운명의 인간도 미리 알고 있지 않았을까? 그렇다면 에덴에서 인간들을 쫓아낸 진정한 이유가 무엇이냐는 것이지.

주하 뭔가 큰 뜻이 있었겠죠. 부모를 떠났을 때 비로소 부모의 의미를 더 잘 알게 되는 것처럼.

아빠 주하가 너무 좋은 생각을 했네. 부모를 떠나 어려운 세상에 던져졌을 때 비로소 부모의 참다운 사랑을 느낄 수가 있겠지? 그런데 부모는 품을 떠난 자녀들이 야생의 어려운 삶을 지레 포기하고 편하게 살려고 부모 품으로 다시 들어오려고 발버둥치는 것을 바랄까, 아니면 부모를 기억하며 현실을 보다 열심히 사는 것을 바랄까?

주하 음, 아무래도 부모를 기억하며 현실을 열심히 사는 것을 바라겠죠?

아빠 바로 그거야. 니체의 말 "신은 죽었다."는 일종의 반어적인 표현이야. 신이 죽었다고 생각하면 오히려 신이 진정으로 원하는 삶, 바로 현실에 충실한 삶을 살게 될 것이라는 말이야. 그래서 야스퍼스란 철학자는 니체를 "기독교 비판을 통해 오히려 종교적으로 성숙했다."라고 평가했지.

주하 대단한 사람이네요. 니체는…….

아빠 니체는 이분법적으로 사고한 철학자들과는 완전히 다른 생각을 한 거지. 플라톤은 "우리가 사는 현실 세계는 모두 헛것이고 진정한 세계는 저 너머의 이상 세계, 즉 이데아의 세계"라고 했단다. 근대 철학자들도 마찬가지야. 칸트는 인간은 색안경을 끼고 세상을 바라보고 있기 때문에 저 너머에 존재하는 세계의 참모습을 알 수 없다고 말했어. 그래서 현실을 부인하고 생각 속에만 존재하는 이상 세계를 동경하며 살았지.

주하 그럼, 니체는 어떤 해결책을 말했어요? 그냥 현실을 열심히 살아야 한다고 말했어요?

아빠 아빠가 지난번에 루소의 《사회계약론》을 이야기해 주면서, "자발적인 의지로 자유와 평화를 지켜라."라고 말했지?

주하 네. 니체도 의지를 가지라고 말했어요?

아빠 그런 셈이지! 니체는 스스로 힘을 길러 '위버멘쉬Übermensch'가 되기를 바랐단다.

주하 위버멘쉬가 뭐예요?

아빠 위버멘쉬는 인생의 고통과 고난을 극복한 새로운 인간을 뜻해. 스스로의 힘으로 어려움을 이겨내고 자신의 능력을 개발하며 멋지게 사는 인간이 되라는 뜻이야.

주하 네, 아빠!

아빠 주하야, 니체는 사람에게 날 수 있는 날개와 멀리 볼 수 있는 눈을 주고 싶다고 그랬지?

주하 네. 그런데 그게 뭐예요?

아빠 놀라지 마! 중력의 법칙을 벗어나 새처럼 날 수 있는 방법은 바로, '춤추는 것'과 '웃는 것'이란다.

주하 너무 웃겨요! 어떻게 그게 날개와 눈이 될 수 있어요?

아빠 하하, 춤을 추고 웃으면 기분이 좋아지지? 니체는 항상 웃으면서 즐겁게 살면 악마의 기운을 몰아낼 수 있다고 강조했지. 그리고 자기 자신의 삶을 사랑하고 긍정해야 한다고 말했어. 우리가 현실을 부정하고 우울하게 사는 것은 악마가 제일 좋아하는 것이라고 말이야. 니체는 사람들이 심각하게 살지 않고 즐겁고 행복하게 살기를 원했단다. 주하도 현실의 삶을 즐기면서 열심히 살면 새로운 것에도 두려움 없이 도전할 수 있을 거야!

프리드리히 니체

Friedrich Wilhelm Nietzsche, 1844~1900

《차라투스트라는 이렇게 말했다》라는 책으로 유명한 니체는 철학의 나라 독일 뢰켄에서 1844년에 태어났어. 그는 일생동안 각종 고질병과 나치즘 선구자, 인종주의자, 무정부주의자, 여성혐오주의자, 광기의 철학자 등 온갖 오해에 시달리며 불우한 인생을 산 철학자였지. 특히 《차라투스트라는 이렇게 말했다》에서 "신은 죽었다."라고 선언함으로써 가족 대대로 내려오는 기독교 신앙을 저버리고 기독교 불신론을 확산시켰다는 비판을 받기도 했어.

"신은 죽었다."라는 말에는 반어법이 담겨 있어. 오히려 신은 죽지 않고 팔팔하게 살아 있다는 게 니체의 주장이야. 니체는 지나치게 신을 의존한 나머지 인간들이 스스로 삶을 개척하지 못하는 것을 경계했어. 신에 대한 지나친 의존이 인간의 독립을 가로막는다고 생각한 거야. 자기 자신을 극복하고 세상이 주는 고통마저 초월하며 삶을 성공적으로 살아낸 이에게 그는 '위버멘쉬'라는 이름을 붙여 주었지. 따라서 "신은 죽었다."라는 니체의 선언은 신을 부인한 것이 아니고 '신이 진정으로 인간에게 원하는 것은 현재의 삶을 열심히 사는 것'을 반어적으로 강조한 거야. 오히려 신앙적으로 높은 경지에 오른 것이지.

니체의 철학은 삶에 긍정적인 영향을 준단다. 그는 자기 자신을 극복할 수 있는 강인한 인간상을 꿈꿨어. 현재의 삶을 우습게 여기는 인간들이 하루 빨리 자신의 삶을 긍정하고 성실히 살기를 바랐지.

니체의 철학을 이해할 때 주의할 점은 절대로 니체는 삶을 부정하지 않았다는 거야. 니체는 우리가 살아가면서 종종 마주하는 고통, 허무, 좌절 등의 장애물을 극복할 때 비로소 새로운 삶의 경지가 열린다고 주장했단다. 우리는 니체의 철학을 통해 긍정적인 사고, 도전 정신을 배울 수 있어.

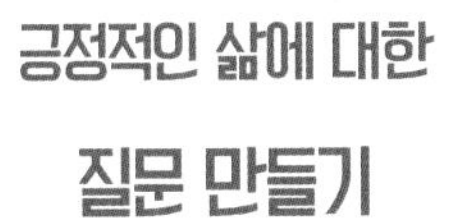

긍정적인 삶에 대한

질문 만들기

- 가정환경, 신체적 조건 등을 극복하고 성공한 사람은 누가 있을까?
- 우리는 왜 다른 사람을 부러워 할까?
- 현실에 안주하면 힘들지도 않고 좌절할 필요도 없으니 더 좋지 않을까?
-
-
-
-
-
-
-
-

남들에게 존경 받는 아이로 키우는 공자 이야기

/ 어떻게 하면 어른 공경할 줄 아는 아이로 키울까? /

나는 아이들과 저녁을 먹으면서 종종 '밥상머리 대화'를 나눈다. 주제는 어렵거나 거창하지 않아도 된다. 그냥 오늘 있었던 일을 편하게 이야기하면서 아이의 호기심을 이끌어낼 질문을 하면 되는 것이다. 오늘 나는 밥상머리 대화 주제로 '예의'에 대해 이야기해 보고 싶었다. 아이에게 대뜸 "예의를 잘 지켜라."라고 말하면 아이가 거부 반응을 보일 것 같아서 우선은 교회에서 읽은 구약성경 이야기를 해 보기로 했다.

아빠 아빠는 오늘 교회에서 구약성경을 읽다가 이런 구절을 발견했어. "노인의 얼굴을 공경하라(레19: 32b)." 근데 좀 이상하지 않니?

주하 왜요? 노인들은 공경하는 것이 맞잖아요?

아빠 그런데 왜 하필이면 '노인의 얼굴'이란 말을 썼느냐는 거지. 그냥 "노인을 공경하라."라고 하면 될 것을 굳이 '얼굴'이란 단어를 넣었을까?

주하 음, 얼굴에는 눈도 달렸고, 귀도 달렸잖아요?

아빠 그렇지. 그런데 그게 무슨 상관이니?

주하 그러니까 노인들과 대화할 때는 노인의 눈이 보이는 곳, 그러니까 노인 가까이에서 말하라는 거예요. 노인들 중에서는 소리를 잘 듣지 못하는 분들도 많잖아요!

아빠 너무 좋은 생각인데! 그럼 구체적으로 어떻게 하면 될까?

주하 제가 할머니를 부를 때 멀리서 "할머니!"하고 부르거든요. 그렇게 하지 말고, 할머니께 가까이 가서 공손히 "할머니"라고 부르는 거예요.

아빠 와, 주하가 너무 멋진 생각을 했구나. 또 '얼굴'에 대해 어떻게 생각해 볼 수 있을까?

주하 음, 어떻게 보면 얼굴을 뜻하는 게 아닌 것 같기도 해요.

아빠 그럼 그게 무슨 뜻인데?

주하 여기서 얼굴은 '체면'을 뜻하는 것 같아요.

아빠 기발한 생각인데! 아빠에게 자세히 설명해 주겠니?

주하 그러니까 노인들을 대할 때는 그 노인의 체면을 생각하라는 거죠. 노인들이 무안하지 않게 말이에요.

아빠 구체적으로 어떻게 하면 노인분들이 무안하지 않을까?

주하 예전에 제가 할머니께 소리를 지른 적이 있거든요. 그러면 할머니 체면이 말이 아니겠죠. 기분도 나쁘고!

아빠 잘 알고 있구나. 그럼 이제 어떻게 해야 할까?

주하 할머니께 예의를 갖추고 공손하게 말씀드려야 해요.

아빠 정말 좋은 아이디어구나. 방금 주하가 자기도 모르게 '효 사상'에 대해 아주 좋은 말을 했어. 중국의 철학자 공자가 《논어》라는 책을 통해 강조한 것도 바로 효 사상이란다.

주하 효 사상이라면, 효도를 말씀하시는 거죠?

아빠 그래. 우리나라는 예로부터 동방예의지국이라 불리며 충효 사상을 중요한 덕목으로 삼았지.

주하 아빠, 동방예의지국의 뜻이 뭐예요?

아빠 말 그대로 동쪽에 있는 '예'와 '의'가 올바른 나라라는 뜻이지! 우리 조상들은 그렇게 주변 나라로부터 존경받는 '예의의 나라'였단다.

주하 아빠, 그런데 공자는 왜 그런 말을 하게 되었어요?

아빠 공자가 살았던 시대를 춘추전국시대라고 한단다. 더 정확히 말하면 춘추시대였지. 당시에는 중국의 많은 나라들이 서로 싸우며 죽이는 전쟁을 일삼았던 때이기도 해! 아랫사람이 윗사람을 거스르기도 했지. 한 마디로 예의가 없어진 시대였어.

주하 그런데 그런 시대와 공자가 무슨 상관이 있어요?

아빠 전쟁이 끊이지 않던 춘추전국시대, 공자는 더 이상 사람들이 이렇게 살아서는 안 된다고 생각했어. 중국의 고대시대에 요순 임금이 통치했던 시기가 있는데, 그때는 정말로 평화로운 시기였어. 공자는 성선설을 바탕으로 모든 인간은 요순 임금이 있던 시절의 선한 상태로 되돌아가야 한다고 주장했지. 사람들이 서로 해치지 않고 배려하는 상태. 이것이 바로 공자의 '인 사상'이란다. 공자는 인 사상의 중요성을 널리 알리기 위해 《논어》를 쓴 거야. 여기서 인이란 기독교에서 이야기하는 '사랑'과 비슷하면서도 다른 의미를 가지고 있어.

주하 더 자세히 설명해 주세요.

아빠 인仁이란 한자를 파자하여 풀이해 보면 '사람이 둘이 있는 형태'인데 결국 사람과의 관계를 뜻한단다. 인은 다른 사람과의 좋은 관계를 맺는 데 필요한 것이 무엇이냐를 묻는 거야.

주하 음, 그러면 결국 친구들과 사이좋게 지내는 거네요.

아빠 그렇지. 사람들과 사이좋은 관계를 유지하는 것이 바로 인이야.

주하 쳇, 별 것도 아니네요!

아빠 그렇지는 않아. 사람들과 좋은 관계를 유지하는 것은 정말 중요하단다. 공자는 인을 실천하는 것을 사람의 가장 큰 덕목이라 여겼지. 그리고 인을 실천하기 위한 시작점을 '효 사상'라고 생각했어.

주하 왜 꼭 효 사상이어야 해요?

아빠 공자는 인간관계의 가장 기본적인 단계를 부모와 자식 간의 관계라고 본 거야. 다시 말해서 가족 관계를 모든 관계의 기본으로 생각했지. 그래서 부모에 대한 효도가 뒷받침이 되어야 다른 모든 관계가 긍정적으로 변할 수 있다고 말했어.

주하 아빠, 성경의 십계명에도 부모를 공경하라는 말이 나와요.

아빠 그래, 맞아. 신은 인간에게 가장 중요한 계명으로 부모 공경을 명령한 거야. 그런 다음에 다른 사람과의 관계에서 꼭 지켜야 할 계명을 연이어 주었지. 그럼 주하야, 인의 시작이 효인데 효의 시작은 무엇인지 아니?

주하 글쎄요. 부모님을 공경하는 마음 아닐까요?

아빠 좋았어. 부모님을 공경하는 마음인데 그것을 알 수 있는 방법이 무엇일까?

주하 아무래도 마음을 표현하는 것이겠지요?

아빠 그래서 공자는 효의 시작을 '예'라고 했단다. '예의' 또는 '에티켓'과 같은 것이지. 마음의 공경은 결국 예의 바른 행동으로 나타나야 한다는 거야!

주하 아하, 그래서 아빠가 아까 할머니께 공손하게 말하는 것을 효 사상이라고 하셨군요!

/ 아이가 때와 장소에 맞는 예의범절을 모르고 있다면? /

아빠 그렇지. 하지만 이렇게 좋은 유교 사상도 잘못 해석하면 좋지 않은 결과를 낳는단다. 공자가 말한 예에 대한 재미있는 이야기가 있어.

주하 무슨 이야기인데요?

아빠 어느 나라에 제사를 주관하는 사람이 있었는데 제사 예법을 배우기 위해 공자를 초빙했대. 그래서 공자에게 수업을 받고 있는데, 오히려 공자가 자신에게 계속 물어보더라는 거야.

주하 공자 선생님이 제사 예법에 대해 많이 안다면 오히려 가르쳐줘야 되잖아요?

아빠 그렇지. 공자는 수업이 끝날 때까지 계속 제사 담당자에게 질문만 했대. 그래서 제사 담당자는 마음속으로 '뭐야 나보다 더 모르잖아.'하면서 공자를 부른 것을 후회했다는 거야.

주하 그래서 어떻게 되었어요?

아빠 그 제사 담당자는 공자에게 "예법에 대해서 선생님께 가르침을 받으려고 했는데 어떻게 저보다 모르실 수가 있습니까?"라고 물어보았지. 그랬더니 공자는 "상대방에게 물어보는 것이 바로 예의다."라고 말하며 오히려 더 난감해 했다는 거야!

주하 하하. 엄청 웃기는 상황이네요!

아빠 그래. 공자는 정해진 틀 안에 예를 가둬 놓으려고 하지 않았단다. 조상에 대한 장례 의식도 결국 마음을 표현하는 것인데, 그것이 잘못 해석되어서 사람들에게 보여주기 위한 허례허식으로 변하게 되었다고 비판했어. 마음이 없는 예는 진정한 예가 아니라 형식적인 겉치레 밖에 안 된다는 거야.

주하 겉치레요? 예를 들면요?

아빠 가령 장례식을 치르기 위해 집안이 망할 정도의 재산을 쏟아붓는 경우, 돌아가신 부모에게 예를 갖추기 위해 3년씩이나 무덤 옆을 지키고 있는 경우, 제사의식을 치르기 위해 불필요한 절차와 돈을 들이는 경우야.

주하 예를 너무 강조했나 봐요. 예의가 지나쳐서 모든 것이 낭비가 되어 버렸어요.

아빠 그런 셈이지. 그래서 아무리 좋은 사상도 그 의미를 깊게 생각하지 않고 외형만 추구하다보면 괴물이 되고 만단다!

주하 알겠어요, 아빠. 진정한 예의는 마음을 적절하게 표현하는 것!

맞죠?

아빠 그래. 주하가 잘 이해했구나! 진심을 담아서 마음을 표현하되 너무 지나치지 않는 것! 그게 바로 예의란다. 이런 예의를 잘 지키면 주하는 언제 어디서든 다른 사람들에게 사랑받고 존경받는 사람이 될 거야. 항상 어른을 대하거나, 혹은 친구들을 대할 때 《논어》를 떠올리길 바란다.

공자

孔子, BC 551~479

《논어》를 통해 인 사상을 주장한 공자는 중국을 중심으로 동아시아에 역사적으로 가장 큰 영향을 미친 유학의 창시자야. 공자는 어려서부터 성인이 될 때까지 항상 '배움'을 즐겼던 인물로 유명하지. 《논어》에서 가장 먼저 등장하는 구절도 "배우고 또 익히면 기쁘지 아니한가."야. 그는 자기보다 못한 사람에게도 질문하는 것을 부끄러워하지 않았어. 바느질하는 아낙네에게서 구슬의 구멍을 꿰는 방법을 배웠다는 '공자천주孔子穿珠'라는 사자성어도 잘 알려져 있지.

우리는 공자의 자세를 반드시 배워야 해. 평생 배움을 지속해야 하는 이유는 인간의 심성 안에 있는 선한 본성을 개발하기 위해서야. 공자는 한 순간이라도 방심하면 악의 성향이 드러나 인간관계를 무너뜨릴 수 있기 때문에 배움으로 이를 극복해야 한다고 말했지.

배움에 목마른 이들을 위해 중국 최초로 사학을 세우기도 했던 공자는 3천 명이 넘는 제자를 길러내었고 결국 인을 중요시하는 유가사상을 확립하게 되었어. 공자의 유가사상은 우리나라에도 큰 영향을 미쳤지. 가정에서 예의를 지키는 것, 사회에서 맡은 직무에 충실한 것, 내가 하기 싫은 일을 남에게 시키지 않는 것, 말을 함부로 하지 않는 것 등을 중요시한 공자의 《논어》는 지금 이 시대를 살아가는 우리가 꼭 갖춰야 할 성품에 대해 생각해 보게 한단다.

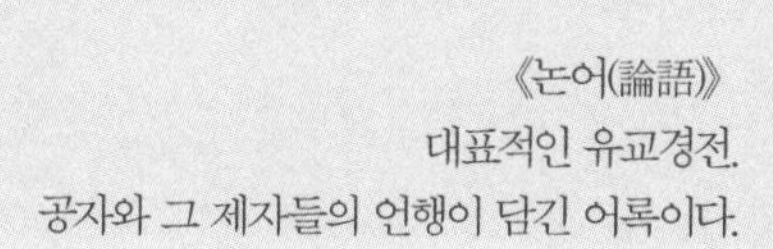

《논어(論語)》
대표적인 유교경전.
공자와 그 제자들의 언행이 담긴 어록이다.

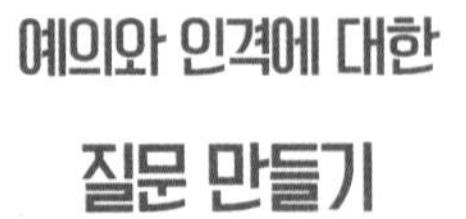

예의와 인격에 대한

질문 만들기

- 예의 바른 행동에는 어떤 것이 있을까?
- 어른을 공경하면 나에게 어떤 이로운 점이 생길까?
- 예의를 지키지 않는 친구에게는 어떤 말을 해 주어야 할까?
-
-
-
-
-
-
-
-
-

학습 의욕과 리더십을 동시에 끌어올리는 맹자 이야기

/ 공부하기 싫은 마음, 어떻게 바꿀 수 있을까? /

주하 아빠, 우리는 이사 안 가요?

아빠 왜 뜬금없이 이사 이야기니?

주하 지난 여름에 미국 캠프에 가서 보니까 널찍한 마당이 있는 큰 집이 너무 좋았어요. 한국은 집들이 다닥다닥 붙어 있고, 주차장에는 차가 가득해서 숨 막혀요.

아빠 우리 주하가 그런 생각을 했구나. 아빠도 이렇게 빌딩 숲으로 가득 찬 도시생활이 그다지 좋지만은 않아.

주하 그러면 우리 이사 가요. 네?

아빠 주하야, 이사가는 것은 그렇게 쉬운 일이 아니란다. 사실 우리 집이 여기로 이사를 온 것도 이유가 있어.

주하 그게 뭔데요?

아빠 그것은 말이다. 예전에 우리 집은 유흥가가 가까운 상업지구 안에 있었단다. 처음에 엄마와 결혼해서 집을 고를 때 그런 부분을 전혀 생각하지 못했어.

주하 상업지구가 어때서요?

아빠 상업지구는 사람들이 먹고 마시며 노는 데란다. 그러다 보니 주변에 술집과 모텔 같은 건물이 많았어. 사람들은 술을 마시고 우리 집 주변에서 고래고래 소리를 지르기도 했지. 너무 시끄러워서 엄마랑 아빠는 잠을 편하게 잘 수가 없었단다. 엄마, 아빠는 주하랑 준혁이에게 좋은 영향을 줄 수 있는 지역으로 이사를 가기로 결심했어!

주하 그래서 여기로 이사를 온 거예요?

아빠 그렇지. 이 동네는 주하와 준혁이가 안전하게 공부할 수 있는 좋은 환경을 갖추고 있어. 초등학교, 중학교, 고등학교가 모두 한 곳에 붙어 있어서 학교 다니기도 좋잖아? 집에서 5분도 안 걸리는 곳에 학교가 있다는 것이 얼마나 축복인 줄 아니! 엄마와 아빠가 어렸을 때는 걸어서 4~5킬로미터 떨어진 곳까지 걸어 다녔어.

주하 히히. 그렇게 가까워도 준혁이와 저는 지각대장이에요!

아빠 그래. 이제 그런 습관도 고쳐야 하지 않겠니? 그리고 여기 고등학교 언니, 오빠들을 보렴. 밤 11시가 넘었는데도 학교에 불이 켜져 있지? 저렇게 밤늦도록 공부하는 언니, 오빠들을 보면서 주하와 준혁이도 배울 점이 많겠지?

주하 그러네요. 으윽! 난 학교 공부가 지겨운데!

아빠 우리 주하는 학교 공부가 지겨운가 보구나?

주하 네, 아빠! 어떤 날은 학교에 가기가 정말 싫어요. 학교에서는 시간이 정말 안 간단 말이에요.

아빠 그래. 만약 학교 수업이 재미있다면 시간이 금방 갈 텐데 말이야! 주하야, 그런데 옛날 사람들은 학문을 익히고 공부하는 것을 상당히 중요하게 여겼단다. 우리나라처럼 자녀교육에 열을 내는 나라도 없었어.

주하 아빠, 학교에서 한석봉과 그의 어머니에 대해 배웠어요. 한석봉이 공부하기 위해 먼 길을 떠났는데, 얼마 후에 다시 집으로 되돌아오자 어머니가 무섭게 훈계하는 내용이었어요.

아빠 그래서 어떻게 됐니?

주하 어머니는 한석봉에게 얼마나 많이 배웠는지 시험해 보자며, 불을 꺼놓고 자신의 떡 썰기와 한석봉의 글쓰기를 비교해 보자고 했지요.

아빠 정말 흥미진진한데? 그래서?

주하 불을 끄고 떡썰기와 글쓰기를 시험한 결과, 엄마의 떡은 제대로 썰어진 반면 한석봉의 글쓰기는 엉망진창이 되어버렸지요. 그래서 한석봉의 어머니는 아들에게 불을 꺼놓고도 훌륭한 글을 쓸 수 있도록 공부하라며 다시 되돌려 보냈어요.

아빠 오우, 우리 주하가 아주 잘 알고 있구나. 그런데 중국에도 한석봉과 비슷한 인물이 있었단다.

주하 아빠, 그게 누구예요?

아빠 바로 맹자라는 사람이야. 공자와 더불어 중국의 위대한 철학자란다.

주하 네, 학교 선생님이 알려 주셨어요. 공자와 맹자. 무슨 여자 이름 같아요! 히히.

아빠 주하야, 옛날 훌륭한 스승 이름 뒤에는 반드시 '자' 자를 붙였어. '자'라는 글자는 선생님을 뜻해.

주하 아, 그런 거예요? 몰랐어요!

아빠 그리고 맹자의 어머니 또한 교육열로는 둘째가라면 서러운 사람이었어. 한석봉의 어머니와 비슷하지? 어느 날 맹자가 공부를 하다가 집에 돌아왔는데, 그것을 본 맹자의 어머니는 베틀로 짜고 있던 천을 가위로 잘라버렸단다.

주하 그래서 어떻게 되었는데요?

아빠 맹자의 어머니는 학문을 익히다가 중간에 그만두는 것은 베틀로 짜고 있던 천을 중간에 베어버리는 것과 같다고 했지. 처음부터 배우지 않은 것만 못하다는 의미지. 크게 깨달음을 얻은 맹자는 그 길로 다시 집을 나와 학문에 전념했단다.

주하 와! 정말 우리나라 한석봉 이야기와 비슷한 면이 있네요.

아빠 그렇지. 맹자의 어머니는 '맹모삼천지교孟母三遷之教'로도 유명하단다.

주하 맹모삼천지교가 뭐예요?

아빠 아까 우리 집도 주하와 준혁이의 학교와 가까운 곳으로 이사 온 거라고 말했지?

주하 네.

아빠 맹자의 어머니에게도 비슷한 이야기가 있어. 처음에 맹자의 집은 상갓집 근처에 있었는데, 어린 맹자가 맨날 곡을 하며 우는 시늉을 하더란다.

주하 아빠, 상갓집이 뭐예요? 아까 그 상업 지구에 있어요? 그리고 곡을 한다는 것이 무슨 말이에요?

아빠 상갓집이란 요즘 말로 하면 장례식장 같은 거야. 예전에는 장례를 지낼 때에 돌아가신 분에 대한 슬픔의 표시로 크게 우는 소리를 냈는데 이것을 곡이라고 해. 맹자의 어머니가 매일 곡 하는 시늉을 하는 맹자를 보고 가만히 있을 수 있겠니?

주하 그럼 맹자가 너무 걱정될 것 같아요. 부정적인 생각만 하게 될 테니까요.

아빠 그래서 맹자의 어머니는 장터 가까운 곳으로 이사를 갔단다.

주하 장터라니, 상업 지구네요. 히히.

아빠 그렇지. 상업지구 같은 곳이야. 옛날에 장터는 요즘 상업지구와 조금 달랐어. 사람들이 물건 파는 소리로 아주 시끄러웠단다. "자, 여기요, 여기! 왔어요, 왔어! 파 한 단에 얼마요! 고기 한 근에 얼마요!" 하는 소리로 난장판을 이루는 곳이야.

주하 그럼 맹자도 "여기요, 여기! 파 한 단에 얼마요!"라고 했겠네요?

아빠 그렇지! 맹자의 어머니는 이러다 아들이 장사꾼으로 크겠다는 생각이 들었어. 그래서 다시 이사를 가기로 마음먹었지! 이사 간 곳은 글을 배우고 익히는 서당 옆이었단다. 그제야 비로소 어린 맹자는 서당 옆에서 천자문을 외우더라는 거야.

주하 성공했네요! 아빠, 우리 집 옆에도 언니, 오빠들이 밤늦게까지 공부를 하고 있어요.

아빠 그래. 여기로 이사 오기를 잘 했지? 주하야, 사람의 태어나고 자라난 환경은 아주 중요하단다. 맹자는 결국 나중에 중국의 4대 성인이라고 불릴 만큼 큰 인물이 되었지.

주하 아빠, 맹자 이야기를 좀 더 해 주세요!

/ 세계 1% 인재는 국민들을 먼저 생각한다! /

아빠 자, 이건 맹자가 쓴 《맹자》라는 책이야. 쓴 사람, 책 제목이 똑같아서 기억하기 쉽지?

주하 네, 아빠. 저도 언젠가는 《주하》라는 책을 쓸 거예요. 히히.

아빠 꼭 그러길 바란다! 자, 어디서부터 시작해 볼까? 음, 지난 시간에 이야기한 공자의 철학이 성선설에 기반을 두었다는 건 기억나지?

주하 네. 맹자도 성선설을 믿었어요?

아빠 그래. 공자와 맹자 모두 성선설에 기반을 두었지. 사실 공자는 거슬러 올라가면 맹자의 스승이었어. 공자에서 증자, 증자에서 자사, 자사에서 맹자로 이어지는 스승과 제자의 계보 안에 들어가게 된 거지.

주하 그럼 맹자는 무슨 이야기를 했어요?

아빠 맹자는 공자의 '인 사상'을 계승하여 '인의仁義' 정치를 주장했어! 다시 말해 어질고 착한 것을 옳게 여기고 그렇지 못한 것을 그르다고 보았지.

주하 아빠, 그런데 맹자는 왜 그런 말을 한 거예요?

아빠 공자와 마찬가지로 맹자는 당시 혼란했던 춘추전국시대를 구원할 해결책을 인의의 정치라고 생각했어. 당시의 왕들은 전쟁을 일삼으며 자신의 이익만을 챙기려고 했단다. 그러는 동안 죄 없는 백성들이 많은 희생을 치러야 했어. 그래서 맹자는 여러 나라를 돌아다니면서 왕들에게 덕으로 다스리는 정치를 가르쳐 주었지.

주하 왕들은 맹자의 말을 잘 들었어요?

아빠 음, 그러면 다행이지! 왕들은 맹자의 말을 듣지 않았어. 오직 전쟁으로 권력을 얻고 자신의 이익을 얻는 데만 혈안이 되어 맹자의 철학 따위에는 관심이 없었단다.

주하 그래서 어떻게 되었어요?

아빠 맹자는 고향으로 낙향했어. 그리고 자신이 여러 나라를 돌아다니면서 왕과 제자를 만난 이야기를 책으로 썼지. 그게 바로 이 《맹자》라는 책이란다. 《맹자》는 여러 나라의 왕들과 제자들을 만나 대화하는 내용으로 구성되어 있단다. 이 책의 핵심 내용은 결국 인의 정신, 즉 '남을 사랑하는 마음'을 이야기하고 있어.

주하 남을 사랑하는 마음. 정말 공자의 철학과 비슷해요!

아빠 맹자는 공자의 인의 사상뿐만 아니라 성선설에 기반한 인간의 네 가지 본성, 이것을 '사단四端'이라고 하는데 각각 '측은지심惻隱之心, 시비지심是非之心, 수오지심羞惡之心, 겸양지심謙讓之心'을 이야기했단다.

주하 심, 심, 심! 으악, 너무 어려워요. 그게 무슨 뜻이에요, 아빠?

아빠 그것은 말이다. 잘 들어봐! '측은지심'이란 남을 불쌍히 여기는 마음, '시비지심'이란 사물의 시시비비를 올바로 보는 마음, '수오지심'은 부끄럽게 여길 줄 아는 마음을 말해. 마지막으로 '사양지심'은 어려운 사람을 위해 양보하는 마음을 뜻한단다.

주하 음, 그러니까 남을 불쌍히 여겨라, 올바른 마음을 갖고 겸손해라, 양보하는 마음을 가져라. 이런 뜻이네요?

아빠 그렇지. 잘 정리했어. 이런 내용들은 왕이 나라를 다스리는 데 반드시 필요한 덕목으로 '인, 의, 예, 지'라고 말할 수 있어. 여기까지는 공자의 철학과 비슷하지? 하지만 이 둘에게도 다른 점이 있단다. 어떻게 다를까?

주하 정확히 어떻게 달라요?

아빠 물론 공자는 인을 비롯해서 효와 예를 이야기하고 맹자는 인을 비롯해서 인, 의, 예, 지를 이야기하고 있지만 크게 다르지 않다고 느껴지거든. 하지만 미세한 차이가 있어!

주하 음, 공자는 아랫사람이 어른을 공경해야 한다고 말했고……. 맹자는 주로 왕들이 지켜야 할 덕목을 이야기했잖아요?

아빠 그렇지! 주하가 아주 예리하게 말했어! 공자의 경우 인, 효, 예를 이야기하면서 주로 아랫사람이 윗사람을 거스르지 말아야 한다고 주장했지. 반면에 맹자의 경우 인의의 정치를 이야기하면서 주로 윗사람, 즉 리더가 백성의 뜻을 거스르지 말아야한다고 강조했단다.

주하 아하, 공자와 맹자 모두 기본 철학은 비슷했지만 대상이 달랐네요!

아빠 공자는 충효사상에 입각해서 윗사람, 즉 왕과 부모를 잘 따라야 한다고 말했고, 맹자는 아무리 좋은 왕이라도 백성을 현명하게 다스리지 못한다면 왕의 자격이 없는 것이라고 말했어. 다시 말해 맹자는 리더로서 갖추어야 할 덕목들에 대해 더 자세하게 이야기한 거야.

주하 대단하네요! 이제 완벽하게 이해했어요, 아빠!

아빠 다행이구나. 그래서 《맹자》에서는 백성의 뜻에 따라 왕을 바꿀 수 있다고 주장해. 《맹자》를 통해 우리는 이 시대에 반드시 필요한 리더의 자질을 생각해 보게 된단다. 요즘 우리나라를 대표하는 각계의 리더들이 자신의 욕심만을 채우려다가 벌을 받는 뉴스가 자주 보도되고 있지?

주하 맞아요, 아빠! 그 리더들은 마키아벨리의 《군주론》에 나오는 왕과 비슷해요! 《군주론》에 나오는 왕은 자신의 이익만을 챙기기 위해 국민들에게 폭력을 휘둘렀잖아요!

아빠 아주 정확하게 이해했어! 진정한 리더라면 자신보다 백성들을 도와주어야 해. 사랑과 헌신으로 국민을 섬기는 헌신의 리더십을 발휘해야 하지! 전 세계적으로 존경받는 리더들은 모두 약한 사람을 돕는 리더십을 가지고 있어!

맹자

孟子, BC 372~289 (추정)

맹자는 기원전 4세기경 전국시대 중국 노나라에서 태어났어. 원래 이름은 맹가였지. 그는 일찍이 공자의 인의 사상을 받아들였고, 남을 사랑하는 것이 모든 삶의 근본임을 깨달았단다. 왕이 이러한 인의 정치를 펼친다면 백성들은 왕을 신뢰하고 세상은 평화로워질 것이라고 주장했어. 그러나 왕들은 맹자의 주장을 쉽게 받아들이지 않았어. 혼란스러운 시대 상황 속에서는 무조건 자신의 이익을 챙기고 전쟁에서 승리해야만 목숨을 지킬 수 있었거든.

이러한 시대 분위기 속에서 《맹자》는 매우 파격적인 내용을 담은 책이었어. 나라의 근본을 왕이 아닌 백성으로 보았지. 당시로서는 혁명적인 시각이었어. 인간은 본래 선한데 그 선함의 원천은 하늘이고, 선한 하늘의 명령 즉 천명을 품은 것이 바로 사람의 착한 마음이라는 거야. 따라서 한 나라의 리더인 왕은 백성의 마음을 하늘의 마음으로 여겨야 한다는 것이 맹자의 주장이지. 또한 왕이 이를 어기면 백성들이 왕을 바꿀 수 있다는 '역성혁명 사상'을 강조했어.

그리고 맹자는 배우고 공부하는 자세를 그 무엇보다 중요하게 생각했어. 측은지심, 수오지심, 시비지심, 사양지심 등 사단으로 표현되는 인간의 선한 본성은 교육을 통해 개발하고 발전시켜야 한다고 말했지. 인간이 점점 악해지는 이유는 삶 속에서 마주하는 오염된 환경이 본래의 착한 마음을 망치기 때문이라는 거야. 악을 거부하고 선한 마음을 보존하기 위해서는 교육이 반드시 필요하다고 주장하고 본인 스스로 그러한 삶을 살았지.

《맹자》 속 이야기를 하루에 한 편씩 읽어 보는 것이 어떨까? 그럼 나는 지금 배움을 게을리 하고 있지는 않은지, 약한 사람을 내 마음대로 괴롭히고 있지는 않은지 반성하게 될 거야. 동시에 앞으로 어떻게 살아야 할지 계획을 세울 수도 있지.

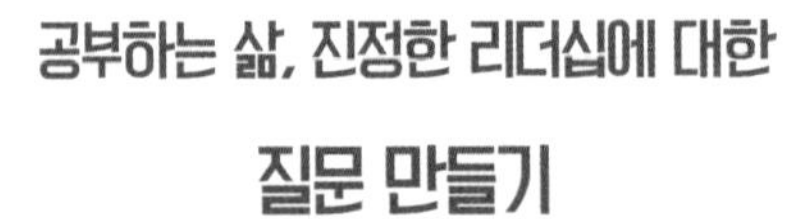

공부하는 삶, 진정한 리더십에 대한

질문 만들기

- 내가 잘하는 공부, 못하는 공부는 각각 무엇일까?
- 반장을 뽑을 때 가장 중요하게 생각해야 할 것은 무엇일까?
- 내가 대통령이 된다면 가장 먼저 무엇을 할 수 있을까?

조리 있게 말하는 방법을 알려 주는 한비자 이야기

/ 사람들을 설득시키는 논리 정연한 말솜씨 /

준혁 아빠, 오늘 친구랑 놀고 있었는데 어떤 여자 애가 다가와서 그 친구를 아무 이유도 없이 때리고 갔어요.

아빠 왜 때렸을까? 그 아이가 무슨 잘못을 저질렀니?

준혁 아니요! 아무 이유도 없어요. 다른 애들도 그 친구를 자주 때려요. 우리 반 애들이 거의 다!

아빠 준혁아, 너도 때렸니?

준혁 아니요! 지난번에 다른 아이들이 그 친구를 화장실에서 막 때리려고 할 때 제가 못 때리게 막았어요. "얘가 잘못한 것도 없는데 왜 때리니? 죄 없는 사람을 때리면 안 돼!"라고 따졌어요.

아빠 급한 상황이었는데, 준혁이가 조리 있게 말을 잘했구나!

준혁 네, 그랬더니 더 이상 아이들이 그 친구를 때리지 않았어요.

아빠 준혁이가 그 친구들을 설득했네!!

준혁 그렇다면 다행이에요. 앞으로도 아이들이 그 친구를 괴롭히면 제가 나서서 당당하게 말해야겠어요.

아빠 그래! 당당하고 논리 정연한 말은 힘보다 강하단다! 그 친구는 괴롭힘을 당하는 데도 가만히 있니?

준혁 걔는 그냥 울어요. 그리고 운동장에 나가서 혼자 놀아요. 말도 안 하고.

아빠 다른 친구들 눈에는 그 친구가 많이 순하고 약해 보이나 봐. 저항하지도 않고 말이야. 그런데 왜 약한 친구를 때리지? 준혁이처럼 도와주지는 못하고.

주하 맞아요. 사람들은 약한 사람만 보면 괴롭히고 싶은가 봐요.

아빠 주하네 반은 어떠니? 고학년이라 좀 다르겠지?

주하 고학년에서는 안 때려요. 그냥 왕따 시켜요.

아빠 이런! 약한 사람을 괴롭히거나 무시하면 절대 안 된단다. 어른들도 그런 경향이 있어. 예전에 엄마가 다니던 병원에서도 비슷한 일이 있었지.

주하 어떤 일이 있었어요?

아빠 병원 원장님 중 한 분이 말을 더듬는 습관이 있었는데, 환자들은 그 원장님을 얕보고 대수롭지 않은 일에도 불만을 제기하고는 했지.

주하 칫, 나쁜 어른들! 어른들도 다 똑같네요!

아빠 그래. 어른이든 아이든 자기보다 부족하고 약하다는 이유로 다른 사람을 괴롭히면 안 돼. 그런데 시간이 지나자 환자들은 원장님 말에 더 이상 말대꾸를 하지 못하게 되었단다. 왜 그런 줄 아니?

주하 왜요? 정의의 사도라도 나타났어요?

아빠 원장님께서는 말을 더듬으셨지만, 누구보다 논리 정연하게 말씀하셨지! 환자들은 원장님의 말에 설득당할 수밖에 없었어! 아무도 원장님의 말을 이기지 못했단다.

주하 말을 더듬으시는데, 어떻게 논리 정연하게 말씀하실 수 있어요?

아빠 주하야, 말을 더듬는다고 할 말을 하지 못하는 것은 절대 아니란다. 중국의 철학자 한비자는 말을 잘하는 방법을 사람들에게 알려 주었는데, 그 역시 말을 더듬었어.

주하 신기하네요! 한비자는 태어날 때부터 말을 더듬었어요?

아빠 한비자가 말을 더듬게 된 이유는 어렸을 적부터 놀림을 받고 자랐기 때문이란다. 그는 왕자로 태어났지만, 엄마가 천한 신분을 가지고 있었지.

주하 그 시대 사람들도 약한 사람을 못살게 굴었네요. 나빠요!

아빠 응. 한비자는 어린 시절부터 사람들에게 괴롭힘을 당하며 자라서 그런지, 사람들은 본래 악한 본성을 갖고 있다고 생각했지. 성악설을 믿은 거야. 이런 것을 보면 지난 번 《리바이어던》을 쓴 홉스처럼 어렸을 적 불우한 환경에서 자란 사람은 인간의 본성을 이기적으로 생각하는 경향이 있는 것 같아. 그렇지 않니?

주하 정말 그렇네요, 아빠! 공통점이 있어요!

아빠 한비자도 성악설에 바탕을 두고 자신의 사상을 펼쳤단다. 한비자는 법을 도덕보다 중요하게 여기는 법가사상을 집대성한 것으로 유명해. 바로 《한비자》라는 책을 통해서 말이야!

주하 어떻게 도덕보다 법이 중요해요? 그럼 감옥에 갇히는 사람들이 많았겠네요?

아빠 맞아. 한비자는 형벌을 철저하게 집행하는 것이 나라를 지배하는 근본이라고 보았어. 이러한 생각은 지금 우리가 알고 있는 '법'의 기초가 되었지.

주하 와, 대단하네요. 한비자는 말도 더듬으면서, 어떻게 다른 사람들을 설득했죠?

아빠 아빠가 아까 이야기했던 것처럼, 말을 더듬는다고 해서 자신의 생각을 전달하지 못하는 것은 아니야. 한비자는 《한비자》를 통해 자신의 의견을 조리 있게 전달하고 상대방을 설득할 수 있는 말하기 방법에 대해 자세히 밝히기도 했어.

주하 자기가 가진 한계를 초월했네요. 아까 아빠가 말씀하신 원장 선생님도 그랬겠죠?

아빠 그렇지! 주하야, 말을 잘하는 방법에는 무엇이 있을까?

/ 어떻게 하면 남들 앞에서 말을 잘 할 수 있을까? /

아빠 주하야, 어떻게 하면 말을 잘 할 수 있을까?

주하 음, 일단 자신감이 있어야 돼요! 자신감이 있으면 주눅 들지 않고 당당하게 내 의견을 말할 수 있어요.

아빠 그래, 맞아. 사실 사람들 앞에서 조리 있게 말하는 것은 참 어려워. 《한비자》에도 "다른 사람을 설득하는 것이 너무나 어려운 일이라서 말하기를 꺼리고 삼간다."는 내용이 있어. 이것을 '난언', '설난'이라고 하지. 각각 '말하기의 어려움', '설득하기의 어려움'을 뜻한단다.

주하 아빠, 저도 사람들을 논리 정연하게 설득할 수 있는 능력을 갖고 싶어요. 어떻게 하면 자신의 한계를 뛰어넘은 원장 선생님처럼 될 수 있죠? 한비자의 지혜가 필요해요!

아빠 하하, 그래. 아빠가 하나씩 차근차근 알려 줄게. 첫 번째, 한비자는 말을 할 때 너무 화려하고 유창하게 하는 것이 도리어 진실하지 못하다고 말했지.

주하 왜 그래요? 유창하게 말하면 좋지 않아요? 연예인처럼!

아빠 그래. 그렇지만 말을 유창하게 하는 사람들 중에 사기꾼도 많이 있거든. 자신의 속마음을 숨기기 위해 말을 화려하게 포장한다는 거야! 그래서 한비자는 자신처럼 말을 더듬거나 어눌하게 말하는 사람들이 오히려 더 정직하고 진실할 수 있다고 말했어.

주하 그럼 한비자처럼 말을 더듬고 어눌하게 말하라는 뜻이에요?

아빠 그건 아니지! 주하야, 유창하지도 않고 어눌하지도 않게 말해야 한다면, 어떻게 해야 좋을까?

주하 음, 딱 중간! 어쨌든 사람들에게 말할 때는 거짓 없이, 진실하고 바르게 말해야 할 것 같아요.

아빠 바로 그거야! 어떤 말을 하던지 진실성이 있어야 신뢰를 얻을 수 있어! 한비자는 바로 그 점을 강조한 거야.

주하 또 어떤 방법이 있어요?

아빠 두 번째, 말할 때 비유나 인용 등을 너무 많이 사용해도 문제라는 거야. 그럼 상대방이 내 말을 이해하기가 어려워. 그렇다고 핵심 단어만 달랑 말하는 것도 성의가 없어 보이지.

주하 이번에도 딱 중간을 지켜야겠네요! 설명을 너무 길게 해도 안 되고, 너무 짧게 해도 안 된다는 말씀이시죠?

아빠 그래. 아빠 주변에도 말을 장황하게 하거나, 너무 길게 말하는 사람들이 있단다. 그럼 듣는 사람이 지루해하고 힘들 수도 있어.

주하 아빠가 그러는 것 아니에요? 호호.

아빠 그런가? 어쨌든 말은 너무 길거나 짧지 않게, 적당히 해야 해!

주하 세 번째도 있어요, 아빠?

아빠 세 번째, '의義'를 중요시하는 사람에게 이익을 앞세워 말하지 말라는 거야! 이번 이야기는 주하에게 조금 어려울 수 있어. 사람에 따라 옳고 의로운 일을 중요시하는 사람이 있는가 하면, 이익을 중요시하는 사람이 있지? 쉽게 말해서 옳은 일을 무엇보다도 먼저 하려는 사람이 있는 반면, 자신에게 이익이 되는 일만을 중요하게 여기는 사람도 있단다.

주하 의를 중요시하는 사람에게 이익을 앞세우면, 어떻게 돼요?

아빠 《한비자》에 의하면 의를 중요시하는 사람에게 이익을 내세워 말을 하면 자신을 천한 사람으로 여긴다는 거야. 그리고 이익을 중요시하는 사람에게 의를 내세워 말하면 별 관심을 안 갖는다고 해.

주하 아빠, 너무 어려워요. 예를 들어 주세요.

아빠 가령 매국노 이완용이 안중근 의사에게 "어서 잘못했다고 말해! 그럼 나는 일본군에게 인정받을 수 있어!"라고 말하면, 어떻게 될까?

주하 안중근 의사에게 뺨을 얻어맞을지도 몰라요!

아빠 맞아! 안중근 의사는 나라를 위해 죽을 수 있는 의로움을 갖춘 분이기 때문이야. 반면에 매국노 이완용에게 대한독립의 의미를 설명한다면 이완용은 자신의 이익과는 상관없는 일이니 별 관심을 갖지 않겠지?

주하 와, 이제 완벽하게 이해했어요! 아빠, 그래도 이익을 중요시하는 사람을 설득해야 할 때도 있는 거잖아요. 그럴 땐 어떻게 해요?

아빠 네 번째 방법! 이익을 중요시하는 사람과 말할 때, 처음에는 이익에 대해 이야기하고 마지막에는 반드시 사람으로서 마땅히 지키고 행하여야 할 도리나 본분, 대의명분을 내세워야 해! 처음부터 끝까지 이익만을 이야기하면 상대방 역시 나를 속물로 볼 수 있기 때문이야. 그래서 마지막에는 대의명분을 덧붙일 것!

주하 아빠! 사람들을 설득하는 것은 정말 쉽지 않네요.

아빠 그렇지? 그래도 한비자가 말한 다섯 가지 방법만 기억하면 설득력을 키울 수 있어. 자, 마지막 방법이 남았다!

주하 너무 궁금해요!

아빠 다섯 번째, 상대방의 치부를 건드리면 결코 그를 설득할 수 없다!

주하 아빠, 치부가 뭐예요?

아빠 치부란 남에게 보이고 싶지 않은 부끄러운 일을 뜻해. 누구에게나 부끄럽고 창피한 일이 있지.

주하 음, 맞아요. 누가 나의 콤플렉스를 건드리면 너무 수치스러워요!

아빠 맞아. 남을 설득하는 일은 참 어렵지? 하지만 《한비자》에 나오는 다섯 가지 설득법을 기억하면 어떤 상황에서도 주하의 의견을 조리 있게 말할 수 있을 거야.

한비자

韓非子, BC 280~233

한비자는 기원전 280년경 당시 중국에서 가장 세력이 약했던 한나라의 왕자로 태어났어. 어머니가 천한 신분 출신인 까닭에 왕실에서 천대를 받으며 어린 시절을 보냈지. 이런 스트레스 때문이었는지 한비자는 심한 말더듬이가 되었다고 해.

한비자가 어릴 때 한나라는 왕과 관리들의 부정부패 때문에 점점 무법천지가 되어가고 있었어. 이에 크게 실망한 한비자는 강력한 법을 통해 나라를 부강하게 만들어야 한다고 주장한 법가 사상가들의 철학에 깊이 빠져들게 되었지.

한비자의 법가 사상을 적극적으로 수용한 나라는 뜻밖에도 진나라였어. 진나라는 정치 개혁의 총설계자인 상앙의 법치 개혁으로 승승장구하고 있었기 때문에 한비자의 주장을 쉽게 수긍하며 그를 등용하려 했단다. 하지만 진나라의 정치가인 이사가 한비자를 모함

해 감옥에 가둔 뒤 그를 독살해 버리고 말았어. 한비자가 진왕의 총애를 얻게 되면 자신의 위치가 흔들릴까 봐 염려했기 때문이야.

앞서 아빠와 함께 《한비자》에 나오는 '다른 사람에게 조리 있게 말하는 방법'을 이야기 했지? 《한비자》에는 말하기 능력뿐만 아니라 세상을 통치하는 기술, 바로 법에 대한 철학이 담겨 있단다. 법에 대한 한비자의 철학은 현대 사회의 기본 바탕이 되었어.

마키아벨리의 《군주론》에 대해 이야기한 적이 있지? 한비자와 마키아벨리 사이에는 1800년이라는 어마어마한 시간 차이가 있지만 둘의 의견은 아주 비슷해. 두 사람 모두 강력한 군주의 권력과 통치 기술을 활용해 나라를 다스려야 한다고 주장했단다. 이런 공통점은 두 사람이 살았던 시대가 분열된 나라를 통일하기 위해 끊임없이 전쟁을 치렀던 시기라는 데서 기인한 것이야.

하지만 마키아벨리와 한비자의 결정적인 차이점이 있어. 마키아벨리의 경우 군주의 힘과 꾀를 통치에 적극 활용해야 한다고 주장한 반면, 한비자는 법을 활용해 나라를 통치해야 한다고 주장했다는 점이야. 마키아벨리는 오로지 군주의 개인기에 의존했지만 한비자는 모든 것을 법의 처벌에 맡겨야 한다고 보았지.

《한비자》는 왕이 법을 확립할 경우 얼마나 효과적으로 나라를 다스릴 수 있는지 너무나 분명하게 알려주는 책이야. 우리가 사는 이 시대는 이미 법을 지키는 일을 당연하게 여기고 있지? 하지만 법치의 중요성은 아무리 강조해도 지나치지 않단다. 우리는 《한비자》를 통해 자신의 의견을 조리 있게 말하는 방법도 깨달을 수 있지만 법의 의미, 법의 중요성 또한 배울 수 있단다.

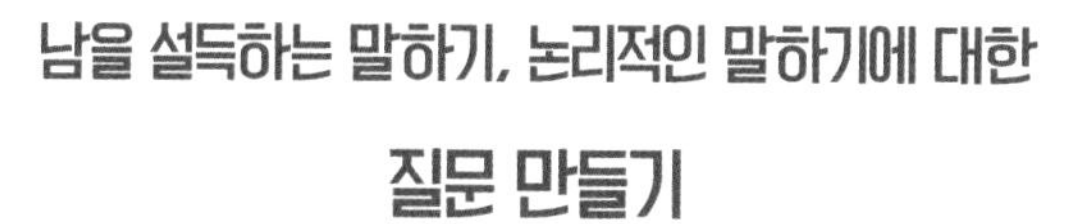

남을 설득하는 말하기, 논리적인 말하기에 대한 질문 만들기

- 약한 친구를 괴롭히는 아이들에게 뭐라고 말해야 할까?
- 나의 콤플렉스를 함부로 말하는 친구를 어떻게 타일러야 할까?
- 나를 믿지 않는 친구에게 어떻게 나의 진심을 전할 수 있을까?

4장

하브루타 교육을 받은 아이들의 극적인 변화

Havruta Reading

하브루타 교육으로 얻을 수 있는 놀라운 효과

/ 굳게 닫힌 아이의 마음이 활짝 열린다 /

최근 청소년 상담 사례를 연구해 본 결과 청소년들이 고민을 상담하는 첫 번째 상대는 친구, 그 다음은 인터넷이었다. 아쉽게도 엄마, 아빠는 우선순위에서 배제되어 있었다.

아이들은 한 살 두 살 나이를 먹어갈수록 부모와는 말을 잘 하지 않으려고 한다. 학교에서 돌아오면 엄마, 아빠에게 대충 인사만 하고 방에 들어가 컴퓨터 게임을 하거나 친구들과 통화를 하기 일쑤다. 또한 아이들은 엄마, 아빠의 말을 잔소리로 여기고 자신의 고민을 털어놓지 않으려고 한다. 그러다보니 하루 중 부모와 아이가 서로의 얼굴을 마주보는 시간은 얼마되지 않는다. 부모는 점점 아이가 멀게만 느껴지고 아이 역시 부모를 어려워하게 된다. 어떻게 하면 부모와 아이가 서로 친해지고 가까워질 수 있을까? 최고의 해결책은 바로 대화를 중요시하는 하브루타 교육이다. 하브루타 교육을 통해 부모는 그동안 몰랐던 아이의 속마음을 이해하게 되고 아이 또한 부모에게 마음을 열게 된다. 이러한 변화는 하브루타 교육으로 얻을 수 있는 가장 큰 효과라고 교육 전문가들은 말한다.

하브루타 교육을 꾸준히 실천하면 아이들이 먼저 엄마, 아빠에게 말을 걸기 위해 다가온다. 아이는 어떤 일이든지 엄마, 아빠에게 물어 보려고 하고 자신의 생각을 자유롭게 이야기하게 된다. 이러한 변화는 아이의 인생을 지지하고 도와 줄 자양분이 된다.

아이들과의 친밀감 회복이야말로 하브루타 교육의 가장 큰 수확이다. 하브루타 교육을 통해 아이들은 엄마, 아빠와 어떤 대화도 스스럼없이 나눌 수 있다. 또한 부모는 아이의 교육을 위한 경제력을 제공하는 보호자의 역할뿐만 아니라 인생의 멘토 역할까지 할 수 있다.

/ 대충대충 듣던 아이, 경청하는 아이가 되다! /

하브루타 교육에서는 항상 "네 생각은 어떠니?"라고 물으며 상대의 의견을 묻고 존중한다. 따라서 내 생각만 고집하는 것이 아니라 상대방의 의견을 경청하고 배려하는 마음을 가질 수 있다.

그럼 아이들은 한 가지 질문이나 주제에 대해서도 다양한 아이디어와 관점을 갖게 된다. 상대방에게 자기 생각과 아이디어만을 강요하는 것이 아니라 상대방의 의견을 귀 기울여 듣고 수용하는 습관이 생겼기 때문이다. 인성이란 특별한 과목을 이수해서 발달시킬 수 있는 것이 아니다. 경청과 배려의 의사소통 능력으로 원활한 인간관계를 맺는 것이 인성 발달의 시작인 것이다.

아이들은 형제자매끼리 자주 싸우기도 한다. 우리 집 역시 아이들이 한 번 싸울 때마다 큰 전쟁을 치른 것과 같아서 서로 화해하기가 쉽지 않았다. 하지만 하브루타 교육을 실천한 후, 지금은 각자 타협안을 제시하기도 하고 한 쪽이 먼저 양보를 하기도 한다. 아이들은 하브루타 교육을 통해 갈등을 대화로 해결하는 법을 알게 된 것이다.

/ 내 아이의 잠재 능력, 드디어 찾았다! /

가끔 나는 아이들에게 먼저 고민을 이야기하거나 도움을 요청한다. 귀찮아할 것이라는 예상과는 달리 아이들은 기가 막힌 해결책을 내려 준다. 그럴 때마다 나는 아이들의 문제해결력이 어른보다 훨씬 훌륭하여 깜짝 놀란다. 곧 나는 아이들의 의견을 그대로 시행하고, 아이들은 그런 아빠의 모습을 보며 매우 뿌듯해 하며 성취감을 느낀다.

이런 교육 방식은 아이들의 책임감과 자존감을 키우는 데에 효과적이다. 엄마, 아빠가 문제에 봉착하거나 곤경에 처했을 때 아이들에게 의견을 묻고 이를 그대로 시행하면, 아이들은 자신이 존중받는다는 생각이 든다. 그럼 앞으로도 아이들은 더욱 좋은 아이디어를 내기 위해 애쓰고 자기가 낸 의견에 대한 책임감을 기르게 된다.

요즘 나는 의도적으로 엄마, 아빠의 고민을 아이들에게 상담한다. 아이들이 직접 엄마, 아빠의 문제를 해결해 주면서 자존감을 키우도록 하기 위해서이다. 이런 하브루타 교육을 계속해서 실천하면 어느 순간 아이들의 사고력이 쑥 자라있는 것을 느낄 수 있다.

/ 무한대로 뻗어 나가는 아이의 지적 호기심 /

우리 집 첫째 아이는 궁금한 것을 못 참는 성격이다. 지적 호기심이 날이 갈수록 증가하는 것 같다. 궁금한 것이 생기면 그 즉시 인터넷이나 아이패드 등을 통해 검색해서 알아내야 직성이 풀린다.

그런데 그 다음 아이의 반응이 더 재미있다. 자기는 알고 싶은 단어나 개념을 검색하는 과정에서 또 다른 궁금증이 계속 생긴다는 것이다. 단어와 단어, 개념과 개념, 질문과 질문이 연결되어 있다는 사실을 알아가면서 더욱 무한한 지적 호기심을 갖게 되는 것 같다.

지적 호기심은 자연스럽게 아이 스스로 답을 구하도록 애쓰게 만든다. 아이의 지적 호기심은 하브루타 교육, 즉 질문과 대화를 통해 발달시킬 수 있다. 미지의 세계에 대해 호기심을 갖고 이에 대해 질문하고 대화하는 과정을 통해 아이의 사고력과 탐구력은 점점 강해질 것이다.

/ 발표 수업과 논술 시험, 완벽하게 정복하다! /

주입식 교육에 길들여진 부모들은 발표 수업, 논술 시험 앞에서 어떻게 아이를 교육시켜야 할지 우왕좌왕한다. 답이 정해져 있는 주입식 교육과는 달리 발표 수업, 논술 시험 등의 수행평가는 깊고 풍부하게 사고하는 능력에 따라 결과가 바뀌기 때문이다.

하지만 하브루타 교육을 실천한다면 걱정할 필요 없다. 한 가지 주제에 대해 질문하고 대화하는 하브루타 교육을 통해 아이는 발표 수업에 자신감을 얻게 되고, 논리력 또한 강화되어 논술 시험에서도 두각을 나타내게 된다. 또한 하브루타 교육은 아이의 숨겨진 창의력을 이끌어 내어 학교에서 배운 것 이상의 새로운 생각을 하게 만든다. 그럼 아이는 자기주도적으로 자신의 공부와 삶을 이끌게 되고 남들과는 차원이 다른 생각을 하는 세계 1% 인재로 자랄 것이다.

/ 주눅 들지 않고 조리 있게 말하는 능력을 키운다 /

자기의 생각을 표현하지 않고도 성공한 사람이 있을까? 자기 표현에 설득력이 없으면 그 또한 낭패다. 설득력과 논리력을 갖추려면 무엇보다도 어휘력과 언어구사력을 길러야 한다. 전문가들의 실험에 따르면 글을 읽기만 하는 주입식 학습보다 자신의 생각을 직접 말로 표현하는 하브루타 교육이 언어 능력을 향상시킨다고 한다. 하브루타 부모는 밥상머리 대화, 베갯머리 대화를 통해 아이들이 끊임없이 생각하고 말하도록 동기 부여하기 때문이다.

세상의 모든 아이들은 저마다 잠재 능력을 가지고 있다. 왜냐하면 아이들은 어떤 질문에 대해 뜻밖의 창의적인 대답을 많이 하기 때문이다. 분명 아이들은 어른들이 발견하지 못하는 것을 한 번에 찾아내는 능력을 가지고 있다. 하브루타 교육은 사교육으로는 찾지 못한 아이들의 잠재력을 발견할 수 있는 가장 효과적인 방법이다. 이 사실을 모든 부모가 잊지 않기를 바란다.

초보 하브루타 부모를 위한 실전 지침

/ 아이가 스마트폰을 내려놓고 부모를 보게 하라 /

질문과 대답을 주고받는 하브루타 교육은 한 마디로 부모와 자녀가 짝을 지어 하는 말공부라고 할 수 있다. 말로 하는 공부이기 때문에 언뜻 쉬워 보이지만, 처음 시작할 때는 어려움이 따를 수 있다. 왜냐하면 실제 생활에서 부모가 예측하지 못한 상황이 발생하기 때문이다.

이미 아이들은 TV, 컴퓨터, 인터넷, 스마트폰 등에 빠져 스스로 생각하고 말하는 공부를 싫어한다. 그리고 아이들은 부모와 함께 짝을 지어 눈을 마주 보고 대화하는 것에 익숙하지 않다. 따라서 부모와 자녀간에 친밀감이 형성되지 않은 상황에서 하브루타 교육을 바로 시작한다면, 오히려 역효과가 날 수 있다.

우선은 아이들과의 친밀함 형성이 급선무다. 무턱대고 바로 하브루타 대화를 시작할 것이 아니라 각종 놀이를 통해 아이와 친밀감을 쌓는 시간을 가져야 한다. 지금부터 내가 소개하는 상황별 하브루타 대화법을 참고한다면 누구나 쉽고 빠르게 하브루타 교육을 시작할 수 있을 것이다.

/ 아이의 상황별로 적용할 수 있는 하브루타 대화법 /

1) 말을 시키지 않아도 자녀가 자주 말을 걸어오거나 질문할 때

이런 경우는 부모와 자녀의 애착 관계가 잘 형성된 상태로서 바로 하브루타 대화를 시작해도 좋다. 하지만 아이에게 갑작스럽게 질문 공세를 한다거나 취조하듯이 질문하면 안 된다. 자연스럽게 호기심을 자아낼 수 있는 쉬운 질문부터 시작해 보자.

부모가 하는 질문은 '발문(학습의 동기 부여나 생각을 끌어내는 질문)'에 가깝다고 볼 수 있는데, 궁극적으로는 호기심을 느낀 자녀들이 먼저 질문을 하는 것이 가장 좋다. 또한 질문과 대답을 이어가는 식의 대화도 좋지만 질문에 질문으로 대답하는 형식도 권장하고 싶다.

부모 역시 아이에게 어떻게 질문해야 할지 고민이 될 것이다. 초보 하브루타 부모를 위해 단계별 질문 만들기 꿀팁을 소개한다. 하브루타식 질문 만들기는 총 5단계로 나눌 수 있다.

❶ 표면 지식을 탐구하는 질문 만들기

❷ 이면 지식을 탐구하는 질문 만들기

❸ 응용 지식을 탐구하는 질문 만들기

❹ 종합 지식을 탐구하는 질문 만들기

❺ 비교 분석하는 질문 만들기

위의 5단계의 구체적인 방법과 예문을 이 책의 부록에 수록했다. 이를 참고하면 일상생활 속에서 쉽고 재미있게 하브루타 질문을 만들 수 있을 것이다.

2) 말을 시켜도 자녀가 대답하지 않고 대화를 피할 때

부모와 자녀 사이가 좋지 않기 때문에 하브루타 대화를 시작하기가 무척 어려운 상황이다. 이럴 때는 아래의 3단계를 따르는 것이 좋다.

❶ 하브루타 대화보다도 친밀감 형성이 급선무다!

❷ 아이들과 함께 놀이를 하는 것이 최고다. 아이들이 좋아할 만한 재미있는 놀이를 시작해 보자.

❸ 아이들과 함께 놀이를 하면서 질문하고 대답하는 하브루타 대화를 시도한다. 이 시기에는 아이들 말에 크게 반응하며 공감해 주는 것이 가장 중요하다.

3) 아이가 하브루타 대화 대신 함께 놀자고 조를 때

❶ 동적인 놀이를 함께 한다. 딱지치기, 구슬치기, 숨바꼭질, 연날리기, 축구 등의 놀이는 스트레스 해소에 도움을 주고 자녀와 애착 관계를 형성하기에도 효과적이다.

❷ 장기, 바둑, 체스 등 정적인 놀이는 아이의 집중력을 향상시킨다.

❸ 블록 쌓기 같은 복합 놀이는 아이의 창의력과 고등 사고력 발달에 도움을 준다.

4) 아이가 길게 이어지는 대화에 집중하지 못할 때

❶ 식탁 또는 텐트, 산책길 등 딱딱하지 않고 편안한 공간에서 자녀와 대화를 시작한다.

❷ 대화 중간중간 종이에 글씨를 쓰거나 그림을 그려 아이에게 보여 주면 아이는 대화에 더 집중할 수 있다.

❸ 식탁에서 대화할 경우 촛불을 밝히면 아이의 주의 집중에 큰 도움이 된다.

부록

성공적인 하브루타 독서 교육을 위해 꼭 필요한 질문 만들기

Havruta Reading

부모와 아이가 함께 알아야 할

질문의 힘

1. 질문하면 답이 나온다!

2. 질문은 생각을 자극한다!

3. 질문하면 정보를 얻을 수 있다!

4. 질문을 하면 리더가 될 수 있다!

5. 질문을 하면 원만한 인간관계를 맺을 수 있다!

6. 질문은 귀를 기울이게 한다!

7. 질문에 답하면 스스로 설득이 된다!

– **출처:** ≪질문의 7가지 힘≫, 도로시 리즈, 2002, 더난출판

하브루타식 질문 만들기

단계별 꿀팁

1단계. 누가? 언제? 어디서? 무엇을? 어떻게? 왜?

: 표면 지식, 정보를 탐구하는 질문 만들기

가장 쉬운 방법으로 육하원칙을 통한 질문 만들기를 들 수 있다. 육하원칙으로는 다양한 질문을 만들 수 있으며 이를 통해 표면적 지식과 정보를 얻을 수 있다. "언제 그랬니?", "누구와 함께 갔니?", "어떻게 그럴 수 있었니?" 등 일상생활에서 우리는 아이에게 육하원칙 질문을 자주 한다. 이를 참고로 하여 아이와 함께 배경지식을 넓힐 수 있는 육하원칙 질문을 만들어 보자.

…› 질문 만들기

- 이 단어의 뜻은 무엇일까?
- 그 사건은 언제 일어났을까?
- 왜 사람들은 대화가 아닌 전쟁으로 문제를 해결하려고 할까?
-
-
-

2단계. 만약, 내가 ____ 했다면?

: 이면 지식을 탐구하는 질문 만들기

두 번째 단계는 이면적 지식을 탐구하는 질문 만들기다. 이 질문을 통해 아이는 상상력을 기를 수 있다.

···› 질문 만들기

- 만약 내가 중세 시대에 태어났다면 어땠을까?
- 마키아벨리가 21세기에 ≪군주론≫을 출간했다면, 사람들 반응은 어땠을까?
- 지금 우리나라가 공산주의 국가라면 나는 어떻게 살고 있을까?
- ______________________________
- ______________________________
- ______________________________

3단계. 이것은 우리에게 어떤 의미가 있을까?

: 응용 지식을 탐구하는 질문 만들기

표면적 지식과 이면적 지식을 탐구한 다음, 그것을 현실과 일상생활에 적용하고 실천해 보는 질문, 즉 응용 지식을 탐구하는 질문을 만들어 보자. 단순히 지식을 습득하는 차원에서 벗어나 배운 것을 현실에 적용하고 삶에 긍정적인 변화를 일으키는 것이 진정한 교육의 역할이다.

···› **질문 만들기**

- 톨스토이의 소설을 읽고 나니 어떤 생각이 드니?
- 니체의 철학을 삶 속에 어떻게 적용해 볼까?
- 이 책은 우리에게 어떤 의미가 있을까?
-
-
-

4단계. 이 이야기의 교훈은 무엇일까?

: 종합 지식을 탐구하는 질문 만들기

아이가 책을 읽고 배운 것, 보고 들은 것을 종합하고 객관화할 수 있는 질문이다. 대화나 책 등을 통해 얻을 수 있는 교훈, 혹은 주인공의 행동이 상징하는 것을 물어볼 수 있다. 아이는 종합 지식을 탐구하는 질문을 통해 자신이 보고 듣고 읽은 내용에 대해 체계적으로 생각하고 오래 기억하게 된다.

···› **질문 만들기**

- 이 책은 우리나라 대통령에게 어떤 가르침을 줄까?
- 공자의 ≪논어≫가 우리에게 주는 교훈은 무엇일까?
- 결말에서 주인공의 행동이 상징하는 것은 무엇일까?

•

•

•

5단계. 공통점, 차이점은 무엇일까?

: 비교 분석하는 질문 만들기

비교 대상의 공통점과 차이점을 찾아 분석하고 현재의 삶에 시사하는 바가 무엇인지 밝힐 수 있다.

◆ 공통점 분석: 공통점이 무엇인가?, 무엇이 비슷한가?

◆ 차이점 분석: 차이점이 무엇인가?, 어떻게 다른가?

◆ 시사점 분석: 시사점이 무엇인가?, 무엇을 의미하는가?

…› 질문 만들기

- 토마스 홉스와 존 로크의 차이점은 무엇일까?
- 후보 1번의 공약과 후보 2번의 공약의 공통점은 무엇일까?
- 어제 본 영화가 게으른 우리에게 시사하는 점은 무엇일까?
-
-
-

하브루타식 질문 만들기

실전 연습 (1)

아래 이야기를 읽고, 아이와 함께 질문을 만들어 봅시다.

1884년 남아프리카 희망봉에서 약 2,000km 떨어진 남대서양을 항해 중이던 미뇨넷호라는 선박이 있었다. 미뇨넷호에는 더들리 선장과 스티븐스 1등 항해사, 브룩스 선원, 그리고 17세의 어린 소년이었던 '리처드 파커'가 타고 있었다.

얼마 후 폭풍우로 큰 파도가 배를 강타하면서 미뇨넷호는 침몰하게 되었고 이들 4명의 선원들은 구명보트를 이용해 탈출에 성공했다. 하지만 보트 안에는 통조림 몇 개가 전부였고 마실 물조차 없는 상태였다.

거의 보름 넘게 구명보트 위에서 생활하면서 배를 처음 탄 어린 파커는 어른들의 충고를 무시한 채 목마름을 이기지 못해 바닷물을 마셔버렸고, 그로 인해 심하게 앓기 시작했다. 시간은 계속 흐르면서 그들 앞에는 어두운 죽음의 그림자가 드리워지기 시작했다. 작은 보트 안에서는 세 명을 살리기 위해 희생할 사람을 정하자는 분위기가 조성됐다. 하지만 그것도 다수의 반대로 무산됐고 책임감을 느낀 더들리 선장은 스티븐스 항해사에게 언질을 준 후 심하게 앓아 누워있는 어린 파커를 죽인다. 그리고 그의 피와 살을 먹으며 나머지 세 명은 간신히 생명을 연장했다. 마침내 우연히 근처를 지나가던 독일 선박에 구조돼 고국으로 무사히 돌아오게 됐다.

그런데 더들리 선장은 표류일지와 파커를 죽이는 과정을 자신의 일기장에 상세히 적어놓았고 그것이 알려지면서 파커 살인사건의 주도자였던 더들리 선장과 알면서도 묵인했던 스티븐스 항해사는 곧 바로 체포돼 법정에 서게 되었다.

– **출처:** ≪정의란 무엇인가≫, 마이클 샌델, 2014, 와이즈베리

…› **질문 만들기**

- 남아프리카의 희망봉은 어디에 있을까?
- 희망봉에서 2천 킬로 떨어져 있다면 남대서양의 어디쯤일까?
- 선장과 항해사는 어떤 관계인가?
- 세 명을 살리기 위해 희생할 사람을 정하자는 말의 뜻은 무엇인가?
- 선장과 항해사가 체포된 죄명은 무엇인가?
- 나머지 선원 한 명은 죄가 없을까?
- 행복의 양적 가치와 질적 가치가 어떻게 다른가?
- 민주주의 사회에서 다수결의 원칙은 어떤 장점과 단점이 있는가?
- 만약에 내가 선장이라면 어떤 결정을 내렸을까?
- 다수의 행복을 위해 소수가 희생하는 것이 옳은가?
- 이 이야기의 교훈은 무엇인가?
-
-
-
-
-
-

하브루타식 질문 만들기

실전 연습 (2)

아래 이야기를 읽고, 아이와 함께 질문을 만들어 봅시다.

알렉산더 대왕이 이스라엘에 왔을 때의 일이다. 어떤 유대인이 대왕에게 물었다.

"대왕께서는 우리가 가진 금과 은을 갖고 싶지 않으신지요?"

그러자 알렉산더 대왕이 이렇게 대답했다.

"나는 금과 같은 보화를 많이 가지고 있어서 그런 건 조금도 탐나지 않소. 다만 당신들 유대인들의 전통과 정의는 어떤 것인지 알고 싶을 뿐이오."

알렉산더 대왕이 이스라엘에 머물고 있는 동안에 두 명의 남자가 어떤 일을 상담하기 위하여 랍비를 찾아갔다. 내용인 즉, 한 사람이 다른 사람으로부터 넝마 더미를 샀는데, 그 넝마 속에서 많은 금화가 발견되었다는 것이다. 그래서 그는 넝마를 판 사람에게 "나는 넝마를 산 것이지 금화까지 산 것은 아니오. 그러니 이 금화는 당연히 당신 것이오."라고 말했다.

그러자 넝마를 판 사람은 그것을 산 사람에게 "나는 당신에게 넝마 더미 전부를 판 것이니, 그 속에 들어 있는 것도 모두 당신 것이오!"라고 말했다. 랍비는 한참을 생각하고 나서 판결을 내렸다.

"당신들 각자에게는 딸과 아들이 있으니 그 두 사람을 서로 결혼시킨 뒤, 그 금화를 그들에게 물려주는 것이 옳은 사리일 것이오."

그러고는 알렉산더 대왕에게 물어 보았다.

"대왕님, 당신의 나라에서는 이런 경우 어떤 판결을 내리십니까?"

그러자 알렉산더 대왕은 아주 간단하게 답했다.

"우리나라에서는 두 사람을 함께 죽이고 금화는 내가 갖소. 이것이 내가 알고 있는 '정의'요."

– **출처:** ≪유대인 하브루타 경제교육≫, 양동일, 2014, 매일경제신문사

···› 질문 만들기

- 넝마를 산 사람과 판 사람은 왜 금화가 서로의 것이 아니라고 했을까?
- 랍비는 왜 두 사람의 딸과 아들을 결혼하는 것으로 중재를 했을까?
- 만약 두 사람의 딸과 아들이 서로 결혼하기 싫어한다면 어떤 일이 일어날까?
- 알렉산더 대왕의 "두 사람을 함께 죽이고 금화는 내가 갖겠다."는 말은 무엇을 뜻할까?
- 알렉산더 대왕이 말한 정의는 요즘 사회에도 해당이 되는 것인가?
-
-
-
-
-
-
-

사라진 질문과 대화를 되찾은 하브루타의 기적

지난 2014년, 탈무드 이야기 40편에 대해 아이들과 나눈 대화를 바탕으로 한 《토론 탈무드》를 집필한 후, 인문학에 도전해 보고 싶은 생각이 들었다. 때마침 공동저자인 김정완 하브루타교육협회 이사가 서울대 선정 인문고전 50선으로 독서 토론을 해 보자는 제안을 했다. 나는 독서 토론을 위해 읽은 책의 내용을 자연스럽게 식탁에서 아이들과도 나누게 되었고, 이를 통해 가정에서도 쉽게 독서 토론을 즐길 수 있는 방법을 모색하게 되었다. 여기서 얻은 아이디어가 바로 이 책을 쓰게 된 계기다.

가정에서 인문고전을 아이들과의 대화 주제로 선정하기란 쉽지 않다. 더구나 철학자들의 심오한 사유의 세계로 곧바로 들어가는 것은 더욱 어렵다. 부모가 충분히 내용을 이해하고 있어야 하며 이것을 어떻게 일상의 소소한 이야기와 연결해야 할지, 그리고 어떤 질문으로 이끌어가야 할지 전략을 잘 짜야 한다.

부모가 먼저 책을 읽은 후 아이가 호기심을 느낄 만한 질문을 만들어 놓으면 더 좋다. 이렇게 하면 여러 면에서 좋은 점이 있다. 하나는 부모가 책을 읽고 글로 정리하는 습관을 직접 보여 주면 아이들의 롤 모델이 될 수 있다. 다른 하나는 책을 읽고 대화하면서 가정의 분위기를 화목하게 바꿀 수 있다는 점이다. 그럼 아이들은 그림을 그리고 장난감을 가지고 놀면서도 부모의 이야기를 모두 듣고 기발한 생각을 내놓는다. 그뿐인가? 가족 간의 유대감과 결속력의 상승은 말할 필요도 없다. 소통이 활발해지면 궁극적으로 화목한 가정을 선물로 받게 된다. 하브루타 대화는 부모의 일방적인 지시, 명령, 강요가 아니라, 아이들의 의견을 존중하며 주고받는 대화이기 때문에 아이들의 창의력뿐만 아니라 자존감을 높이는 데에도 상당히 효과적이다.

또한 가족 대화는 아이들의 언어 능력 향상에도 큰 영향을 준다. 하버드대학 캐서린 스노우 박사의 연구에 의하면 일반적으로 책을 읽을 때 140개의 어휘를 습득하는 반면, 식탁에서 가족끼리 대화할 때 1,000개의 어휘를 습득할 수 있다고 한다. 식탁 대화는 어휘력 습득뿐만 아니라 아이들의 학업성취도에도 큰 영향을 미친다.

필자는 학부모 강연을 할 때마다 "아이들과 도대체 어떤 대화를 나누어야 할지 모르겠어요!"라며 대화의 내용과 방법을 궁금해 하는 부모들을 많이 만난다. 가장 쉬운 방법은 아이에게 무슨 일이 있었는지를 묻지 말고, 엄마나 아빠가 아이에게 먼저 오늘 무슨 일이 있었는지를 이야기해 주는 것이다. 왜냐하면 누구나 이야기 듣기를 좋아하기 때문이다. 부모는 자신의 이야기를 들려 주면서 아이에게 문제해결 방법을 물어 보거나, 호기심을 이끌어 낼 수 있는 질문을 할 수 있다. 아이가 부모와의 대화에 익숙해지면 인문학이나 철학, 역사 등의 분야에도 도전해 보자!

질문하고 대화하는 하브루타 독서법은 감히 기적의 공부라고 말할 수 있다. 왜냐하면 필자의 가정에서 그런 기적들이 일어났기 때문이다. 한국 사람들은 이미 대화를 잃어버린 '대화 실종'의 시대를 살고 있다. 하지만 식탁에서 부모와 아이가 함께 책을 읽고 인문학을 이야기하니, 잃어버린 대화가 살아났다. 어찌 기적이 아니겠는가!

처음 필자는 '어떻게 하면 내 자녀를 잘 가르칠 수 있을까?'라는 사적인 고민으로 질문의 공부 하브루타를 시작하게 되었다. 하지만 시간이 지나 하브루타 교육을 하면 할수록 비단 내 가정뿐만 아니라 이웃과 사회, 우리나라의 교육이 변화되기를 바라는 마음으로 바뀌었다.

최근에 필자가 시작한 '토요가정식탁운동'도 그런 차원에서 시작한 일종의 가정변화 운동이다. 식탁이 바뀌면 아이들이 바뀌고 가정 문화가 바뀐다. 토요일마다 가족들을 위한 잔치를 연다고 생각해 보라! 아이들은 그날을 손꼽아 기다린다.

《질문하고 대화하는 하브루타 독서법》은 우리 집의 소박한 하브루타 인문고전 대화를 기록한 책이지만 가정의 행복을 바라는 부모들의 고민을 해결해 줄 수 있는 지침서가 될 수 있다면 필자로서, 혹은 같은 대한민국 아빠로서 더 이상 바랄 것이 없다.

가정과 학교를 비롯해 사회 어느 곳에서나 질문과 대화가 살아나 대한민국의 문화가 긍정적으로 바뀌기를 간절히 기원하는 마음으로 이 책을 마친다.

저자 양 동 일

참고 자료

- IQ는 아버지 EQ는 어머니의 몫이다(2004) | 현용수 | 쉐마
- 현용수의 인성교육 노하우(2008) | 현용수 | 동아일보사
- 하나님의 독수리 자녀교육(2014) | 현용수 | 쉐마
- 유대인 아버지의 4차원 영재교육(2006) | 현용수 | 동아일보사
- 최고의 공부법(2014) | 전성수 | 경향BP
- 부모라면 유대인처럼 하브루타로 교육하라(2012) | 전성수 | 예담프렌드
- 복수당하는 부모 존경받는 부모(2008) | 전성수 | 베다니출판사
- 자녀교육 혁명 하브루타(2012) | 전성수 | 두란노
- 부모라면 유대인처럼(2010) | 고재학 | 예담프렌드
- 유대인 엄마처럼(2014) | 전성수 | 국민출판
- 질문하는 공부법 하브루타(2014) | 전성수·양동일 | 라이온북스
- 유대인 하브루타 경제교육(2014) | 전성수·양동일 | 매경출판
- 내 아이에게 무엇을 물려줄 것인가(2015) | 데이브 램지·레이첼 크루즈 | 이주만 옮김 | 흐름출판
- 토론 탈무드(2014) | 양동일 | 매경출판
- 유대인의 밥상머리 자녀교육(2006) | 이영희 | 규장
- 하브루타로 크는 아이들(2015) | 김금선 | 매경출판
- 생각의 근육 하브루타(2016) | 김금선 | 매경출판
- 질문이 있는 교실 초등편(2015) | 하브루타수업연구회 | 경향BP
- 질문이 있는 교실 중등편(2015) | 전성수·고현승 | 경향BP
- 질문이 살아있는 수업(2015) | 김현섭 | 한국협동학습센터

- 질문의 7가지 힘(2015) | 도로시 로즈 | 노혜숙 옮김 | 더난출판
- 질문의 기술(2005) | 마릴리 애덤스 | 정명진 옮김 | 김영사
- 십대를 위한 유쾌한 토론교과서(2013) | 박기복 글 | 정주원 그림 | 행복한 나무
- 공부하는 유대인(2013) | 힐 마골린 | 권춘오 옮김 | 일상이상
- 천재가 된 제롬(2007) | 에란 카츠 | 박미영 옮김 | 황금가지
- 부의 비밀(2006) | 다니엘 라핀 | 김재홍 옮김 | 씨앗을뿌리는사람
- 탈무드 하브루타 러닝(2015) | 헤츠키 아리엘리·김진자 | IMDcenter
- 유대인 성공코드 Excellence(2013) | 헤츠키 아리엘리·김진자 | IMDcenter
- 정의란 무엇인가(2014) | 마이클 샐덴 | 김명철 옮김 | 와이즈베리
- 10대를 위한 정의란 무엇인가(2014) | 마이클 샐덴 원저 | 신현주 글 | 조혜진 그림 | 미래엔아이세움
- 왜 도덕인가(2010) | 마이클 샐덴 | 안진환·이수경 옮김 | 한국경제신문
- 이디시콥(2007) | 랍비 닐턴 본더 | 김우종 옮김 | 정신세계사
- 유대인 가족대화(2009) | 슈물리 보테악 | 정수지 옮김 | 랜덤하우스코리아
- 덕의 상실(1997) | 알스데어 매킨타이어 | 문예출판사
- 만화 존 S.밀 자유론(2011) | 홍성자 글 | 이주환 그림 | 김영사
- 만화 플라톤 국가(2007) | 송영운 글 | 이규환 그림 | 김영사
- 만화 아리스토텔레스 정치학(2011) | 신승현 글 | 박종호 그림 | 김영사
- 만화 키케로 의무론(2009) | 윤지근 글 | 권오영 그림 | 김영사
- 만화 헤겔 역사철학 강의(2009) | 심옥숙 글 | 배광선 그림 | 김영사
- 만화 마키아벨리 군주론(2007) | 윤원근 글 | 조진옥 그림 | 김영사

- 만화 홉스 리바이어던(2008) | 손기화 글 | 주경훈 그림 | 김영사
- 만화 존 로크의 정부론(2009) | 이근용 글 | 주경훈 그림 | 김영사
- 만화 루소 사회계약론(2009) | 손영운 글 | 팽현준 그림 | 김영사
- 만화 니체 차라투스트라는 이렇게 말했다(2011) | 김면수 글 | 정상혁 그림 | 김영사
- 만화 논어(2009) | 서기남 글 | 신명환 그림 | 김영사
- 만화 맹자(2009) | 허경대 글 | 정민희 그림 | 김영사
- 만화 한비자(2009) | 권오경 글 | 유대수 그림 | 김영사
- Website: http://digitallearningworld.com/blooms-digital-taxonomy

질문하고 대화하는 하브루타 독서법

초판 1쇄 발행일 2016년 4월 27일 • 초판 2쇄 발행일 2016년 5월 20일
지은이 양동일, 김정완

펴낸곳 도서출판 예문
펴낸이 이주현
총괄책임 김유진 • 기획편집 김소정
표지디자인 섬세한 곰 www.bookdesign.xyz
영업 이운섭 • 관리 윤영조·문혜경
등록번호 제307-2009-48호 • 등록일 1995년 3월 22일
전화 02-765-2306 • 팩스 02-765-9306 • 홈페이지 www.yemun.co.kr
주소 서울시 강북구 솔샘로67길 62(미아동, 코리아나빌딩) 904호

ISBN 978-89-5659-307-4 03590

저작권법에 따라 보호받는 저작물이므로 무단전재와 복제를 금하며,
이 책 내용의 전부 또는 일부를 이용하려면 반드시 저작권자와
(주)도서출판 예문의 동의를 받아야 합니다.